高等院校大数据应用型人才培养立体化资源“十四五”系列教材

Hive 数据仓库应用与实战

Hive SHUJU CANGKU YINGYONG YU SHIZHAN

黄金土　肖紫珍　李　杰　俞显茂◎主　编
杨　天　肖　丽◎副主编

中国铁道出版社有限公司
CHINA RAILWAY PUBLISHING HOUSE CO., LTD.

内 容 简 介

本书是高等院校大数据应用型人才培养立体化资源"十四五"系列教材之一,主要讲解数据仓库基础知识及基于 Hadoop 的数据仓库工具 Hive 的安装、使用方法。全书分为基础篇、实践篇和拓展篇三篇;基础篇是对数据仓库的发展历史、背景和技术原理的解释;实践篇对 Hive 数据仓库主要知识点进行解析和实践,依据简单、易学和实用等原则进行编写;拓展篇通过行业项目来巩固所学内容。本书主要突出实用性和校企融合的特点,且配备了丰富的微视频资源,以方便学生学习及教师授课。

本书适合作为高等院校计算机、软件工程、大数据等专业教材,也可供相关技术人员参考。

图书在版编目(CIP)数据

Hive 数据仓库应用与实战/黄金土等主编. —北京:中国铁道出版社有限公司, 2024. 10

高等院校大数据应用型人才培养立体化资源"十四五"系列教材

ISBN 978-7-113-30804-9

Ⅰ. ①H… Ⅱ. ①黄… Ⅲ. ①数据库系统-程序设计-高等学校-教材 Ⅳ. ①TP311. 13

中国国家版本馆 CIP 数据核字(2023)第 242349 号

书　　名: **Hive 数据仓库应用与实战**
作　　者: 黄金土　肖紫珍　李　杰　俞显茂

责任编辑: 荆　波　许　璐　　编辑部电话: (010)51873202
封面设计: MX DESIGN STUDIO
责任校对: 刘　畅
责任印制: 赵星辰

出版发行: 中国铁道出版社有限公司(100054,北京市西城区右安门西街 8 号)
网　　址: https://www. tdpress. com/51eds
印　　刷: 北京联兴盛业印刷股份有限公司
版　　次: 2024 年 10 月第 1 版　2024 年 10 月第 1 次印刷
开　　本: 787 mm×1 092 mm　1/16　印张: 10. 25　字数: 256 千
书　　号: ISBN 978-7-113-30804-9
定　　价: 49. 80 元

前　言

本书是国信蓝桥教育科技股份有限公司面向应用型高等院校学生及对大数据技术感兴趣的人士所开发的系列教材之一。本书以培养应用型专业人才的应用能力为主要目标，理论与实践并重，并强调理论与实践相结合，通过校企双方优势资源的共同投入和促进，建立以产业需求为导向、以实践能力培养为重点、以校企合作为途径的专业培养模式，使学生既能夯实基础知识，又能获得实际工作体验，掌握实际技能，提升综合素养。

全书共分三篇六个项目，分别是基础篇、实践篇和拓展篇。基础篇是对数据库仓库的历史、背景和技术原理的解释；实践篇对 Hive 数据仓库主要知识点进行解析和实践，依据简单、易学和实用等原则进行编写；拓展篇通过行业项目来巩固所学内容。在内容设计上，本书将知识点项目化、模块化，用任务驱动的方式进行讲解，力求使抽象的理论具体化、形象化，使之真正贴合实际、面向应用。

本书主要具有以下特点：

（1）实用性。以项目为基础、以模块为划分、以任务实战的方式安排项目，架构清晰，先让学生掌握课程整体知识内容的架构，然后在不同项目中穿插实战任务，学习目标明确，学习内容系统。

（2）校企融合。本书由一批具有丰富教学经验的教师和具有多年实践经验的企业工程人员共同编写，既解决了高校教师教学经验丰富但实践经验少、编写教材时不免理论内容过多的问题，又弥补了工程人员实践经验丰富却无法清晰阐述理论内容的短板。实践案例来自一线，案例新、实践性强。

（3）配套资源丰富。本书配备了相关的课件、实训手册、题库、微课、教学大纲、课程标准等资源，以方便学生学习以及教师授课。相关教学资源可在中国铁道出版社教育资源数字化平台（www.tdpress.com/51eds）下载。

本书既注重培养学生分析问题的能力，也注意培养学生思考、解决问题的能力，使学生真正做到学以致用。本书适合作为高等院校计算机、软件工程、大数据等专业教材，也可供相关技术人员参考。

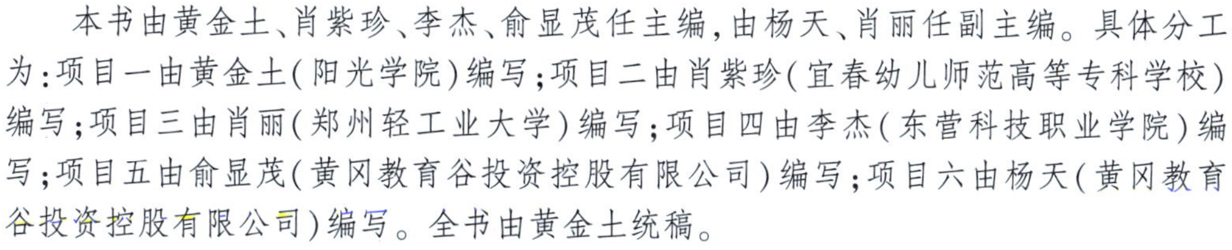

扫一扫

Hive 数据仓库应用与实战

本书由黄金土、肖紫珍、李杰、俞显茂任主编，由杨天、肖丽任副主编。具体分工为：项目一由黄金土（阳光学院）编写；项目二由肖紫珍（宜春幼儿师范高等专科学校）编写；项目三由肖丽（郑州轻工业大学）编写；项目四由李杰（东营科技职业学院）编写；项目五由俞显茂（黄冈教育谷投资控股有限公司）编写；项目六由杨天（黄冈教育谷投资控股有限公司）编写。全书由黄金土统稿。

本书的编写过程中，编者吸收了相关教材及论著的研究成果，在此，谨向各位同仁及作者表示衷心的感谢！限于编者的水平，书中难免有不妥或疏漏之处，敬请广大读者批评指正。

编　者

2024 年 9 月

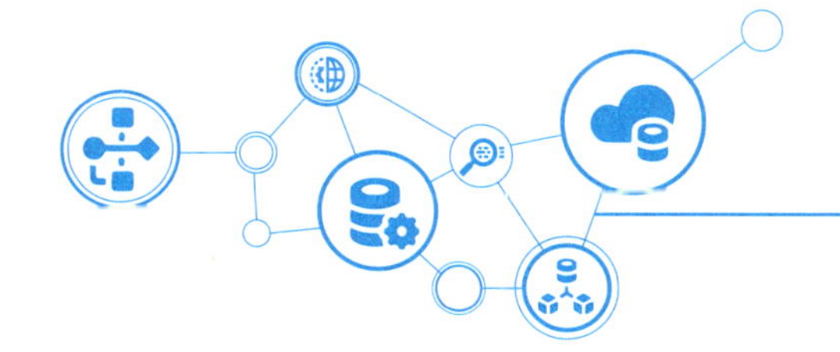

目　录

基础篇

实践篇

基础篇

引言

庞大、万能和完美无缺是数字的力量所在，它是人类生活的开始和主宰者，是一切事物的参与者。没有数字，一切都是混乱和黑暗的。

——菲洛劳斯

在全球信息化快速发展的大背景下，大数据已成为国家重要的基础性战略资源，正引领新一轮科技创新,推动经济转型发展。大数据是新时代最重要的“数字金矿”,是全球数字经济发展的核心动能。数据资源如同农业时代的土地、劳动力,工业时代的技术、资本,已经成为信息时代重要的基础性战略资源和关键生产要素,是推动经济发展、质量变革、效率变革、动力变革的新引擎,不断驱动人类社会在信息化时代中的前进步伐,逐步向智能化时代迈进。

数据仓库是一个集成的、面向主题的数据集合,用于支持管理决策,在企业的大数据体系中占据着重要地位。数据仓库的概念提出已经有一些年头了,目前比较常用的数据仓库工具是 Hive。在本篇的学习中,我们将了解数据仓库的概念以及 Hive 的安装和基本用法。

学习目标

- 理解数据仓库的概念。
- 掌握 Hive 的安装、配置方法。

知识体系

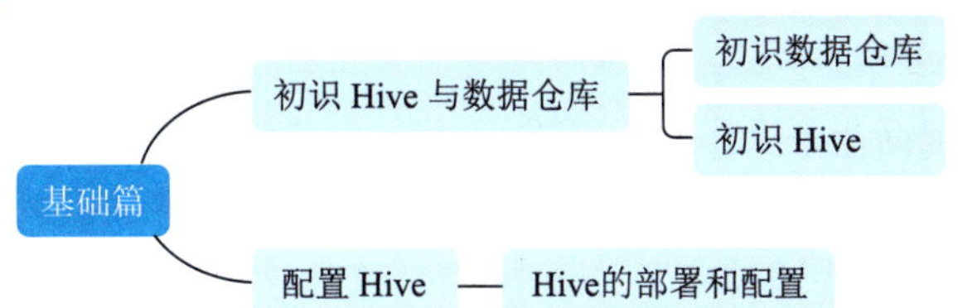

项目一 初识 Hive 与数据仓库

任务一 初识数据仓库

扫一扫

初识数据仓库

任务描述

本任务主要学习数据仓库技术诞生的原因、概念及发展历程。通过了解数据仓库和 Hive 的背景知识，使学生了解数据仓库和数据库的区别以及数据仓库的使用场景。

任务目标

- 了解数据仓库的概念、特性、发展历程、应用现状。
- 了解数据仓库和数据库的区别。

任务实施

一、数据仓库介绍

（一）为什么要用数据仓库

数据仓库是什么？它和传统的数据库有什么区别？

让我们代入一个场景：作为一名数据分析师，需要分析大量业务数据，没有数据仓库时，需要直接从业务数据库中取数据来做分析。业务数据库主要是为业务操作服务，虽然可以用于分析，但需要做很多额外的调整，主要有结构复杂、数据脏乱、难以理解、缺少历史、大规模查询缓慢等问题。下面来简单解释一下这几个问题：

1. 结构复杂

业务数据库通常是根据业务操作的需要进行设计的，遵循 3NF 范式，应尽可能减少数据冗余。这就造成表与表之间关系错综复杂。在分析业务状况时，存储业务数据的表与存储想要分析的表很可能不会直接关联，而是需要通过多层关联来达到，这为分析增加了很大的复杂度。

举例:想要从门店的地域分布来分析用户还款情况。基本的还款数据在订单细节表里,各种杂项信息在订单表里,门店信息在门店表里,地域信息在地域表里,这就意味着需要把这四张表关联起来,才能按门店地域来分析用户的还款情况。

此外,随着NoSQL数据库的进一步发展,有许多数据存储在诸如MongoDB等NoSQL数据库中;另外一些通用信息,如节假日等,通常也不会在数据库中有记录,而是以文本文件的形式存储。多种多样的数据存储方式也给提取数据带来了困难,无法简单地用一条SQL完成数据查询。如果能把这些数据都整合到一个数据库里,如构造一张节假日表,这样就能很方便地完成数据查询,从而提高分析效率。

2. 数据脏乱

因为业务数据库会接收大量用户的输入,如果业务系统没有做好足够的数据校验,就会产生一些错误数据,比如不合法的身份证号,或者不应存在的Null值、空字符串等。

3. 难以理解

业务数据库中存在大量语义不明的操作代码,如各种状态的代码、地理位置的代码等,在不同业务中的同一名词可能还有不同的叫法。

这些情况都是为了方便业务操作和开发而出现的,但却给分析数据造成了很大负担。各种操作代码必须查阅文档,如果操作代码较多,还需要了解存储它的表。来自不同业务数据源的同义异名的数据还需要翻阅多份文档。

4. 缺少历史

出于节约空间的考虑,业务数据库通常不会记录状态流变历史,这就使得某些基于流变历史的分析无法进行。比如想要分析从用户申请到最终放款整个过程中,各个环节的速度和转化率,没有流变历史就很难完成。

5. 大规模查询缓慢

当业务数据量较大时,查询就会变得缓慢。尤其需要同时关联好几张大表,比如还款表关联订单表再关联用户表,这个规模就非常大,查询速度非常慢。

(二)数据仓库的解决思路

上面的问题,都可以通过一个建设良好的数据仓库来解决。

业务数据库是面向操作的,主要服务于业务产品和开发。而数据仓库则是面向分析的,主要服务于分析人员。因此,数据仓库从产品设计开始就一直是站在分析师的立场上考虑的,致力于解决使用业务数据进行分析带来的种种问题。

下面就来简单看一下数据仓库是如何解决上面的问题的。

1. 结构清晰,简单

数据仓库通常是一天变动一次,批量更新,由ETL系统完成。在这种情况下,数据的输入是高度可控的,所以不需要像业务数据库那样尽可能地减少数据冗余。自然地,数据模型就可以不遵循3NF范式,而是以分析方便为目的。

目前,主流的数据模型有E-R模型和维度模型两种。编者在实践中主要采用维度模型。维度模型采用星型结构,表分为事实表和维度表两类。事实表处于星型结构的中心,存储能描述业务状况的各种度量数据,可以通过事实表了解业务状况;维度表则围绕着事实表,通过外键以一对一的形式相关联,提供看待业务状况的不同角度。相比业务数据库常用的E-R模型,星型结构更容易理解,更方便进行分析。

2. 可复用,易拓展

事实-多维度的星型结构,在便于理解和使用之外,还带来了额外的好处:首先是可复用,比如日期维度表,不仅可被不同的事实表复用,在同一张事实表里也可被复用,分别用来表示各种不同操作的日期(订单日期、放款日期、应还日期、实还日期等);其次,拓展方便,直接在维度表里添加新的字段内容即可,只要保证维度数据的主键不变,添加新内容只会影响到维度表而已。而维度表通常数据量不大,即使完全重新加载也不需要花费多少时间。

3. 数据干净

在 ETL 过程中会去掉不干净的数据,或者打上脏数据标签,使用起来更为方便。

4. 数据语义化/统一描述

各种状态都可以直接写成具体的值,不再需要使用操作码进行查询,SQL 语句更自然、更易理解。

对于部分常用的组合状态,可以合并成一个字段来表示。比如在还款分析中,需要根据还款状态、放款状态/发货状态的组合来筛选出有效的订单,可以直接设置一个订单有效的字段,简化筛选条件。

对于同一含义的数据在不同情境下的表示,也可以统一描述了。比如对于放款日期的描述,在产品是消费贷时,指的是发货的日期;产品是现金贷时,指的是放款给用户的日期。这两个日期都是表示放款日期,就可以统一起来,同样也简化了筛选条件。

5. 保存历史

数据仓库可通过拉链表的形式来记录业务状态变化,甚至可以设计专用的事实表来记录。只要有历史分析的需要,就可以去实现。比如,用户的手机号可能会变化,但通过缓慢变化维度类型的设计,可以记录其完成同一类业务操作(比如申请贷款的操作)时的不同的手机号。

6. 高速查询

数据仓库本身并不提供高速查询功能。只是由于其简单的星型结构,比业务数据库的复杂查询在速度上更有优势。如果仍然采用传统的关系型数据库来存储数据。在数据量上规模之后,同样也会遇到查询缓慢的问题。

但是,使用 Hive 来存储数据,再使用基于 Hive 构建的多维查询引擎 Kylin,把星型模型下所有可能的查询方案的结果都保存起来,用空间换时间,就可以做到高速查询,对大规模查询的耗时可以缩短到次秒级,大大提高工作效率。

(三)数据仓库的定义

数据仓库,英文名称为 data warehouse,可简写为 DW 或 DWH。数据仓库是为企业所有级别的决策制定过程提供所有类型数据支持的战略集合。它是单个数据存储,出于分析性报告和决策支持目的而创建。为需要业务智能的企业,提供指导业务流程改进、监视时间、成本、质量以及控制。

数据仓库是决策支持系统(decision support system,DSS)和联机分析应用数据源的结构化数据环境。数据仓库研究和解决从数据库中分析信息的问题。数据仓库的特征在于面向主题、集成性、稳定性和时变性。数据仓库之父 Bill Inmon 在 1991 年出版的 *Building the Data Warehouse* 一书中所提出的定义被广泛接受:数据仓库是一个面向主题的(subject oriented)、集成的(integrated)、相对稳定的(non-volatile)、反映历史变化(time variant)的数据集合,用于支持管理决策(decision making support)。

（四）数据仓库的发展历程

1. 萌芽阶段

数据仓库概念最早可追溯到 20 世纪 70 年代,麻省理工学院的研究员致力于研究一种优化的技术架构,该架构试图将业务处理系统和分析系统分开,即将业务处理和分析处理分为不同层次,针对各自的特点采取不同的架构设计原则。麻省理工学院的研究员认为这两种信息处理的方式具有显著差别,以至于必须采取完全不同的架构和设计方法,但受限于当时的信息处理能力,这个研究仅仅停留在理论层面。

2. 探索阶段

20 世纪 80 年代中后期,DEC 公司结合 MIT 的研究结论,建立了 TA2(technical architecture 2,技术结构)规范,该规范定义了分析系统的四个组成部分:数据获取、数据访问、目录和用户服务。这是系统架构的一次重大转变,第一次明确提出分析系统架构并将其运用于实践。

3. 雏形阶段

1988 年,为解决全企业集成问题,IBM 公司第一次提出了 IW(information warehouse,信息仓库)的概念,并称之为 VITAL 规范(virtually integrated technical architecture lifecycle,信息仓库规范)。VITAL 定义了 85 种信息仓库组件,包括 PC、图形化界面、面向对象的组件以及局域网等。至此,数据仓库的基本原理、技术架构以及分析系统的主要原则都已确定,数据仓库初具雏形。

4. 确立阶段

正如前面所讲,1991 年 Bill Inmon 出版了他的第一本关于数据仓库的图书 *Building the Data Warehouse*,标志着数据仓库概念的确立。该书还提供了建立数据仓库的指导意见和基本原则。数据仓库的概念确立之后,有关数据仓库的实施方法、实施路径和架构等问题引发了诸多争议。1994 年前后,实施数据仓库的公司大都以失败告终,导致数据集市的概念被提出并大范围运用,其代表人物是 Ralph Kimball。由于数据集市仅仅是数据仓库的某一部分,实施难度大大降低,并且能够满足公司内部部分业务部门的迫切需求,在初期获得了较大成功。但随着数据集市的不断增多,这种架构的缺陷也逐步显现。公司内部独立建设的数据集市由于遵循不同的标准和建设原则,以致多个数据集市的数据混乱和不一致。解决问题的方法只能是回归到数据仓库最初的基本建设原则上来。1998 年,Inmon 提出了新的 BI 架构 CIF(corporation information factory,企业信息工厂),新架构在不同架构层次上采用不同的构件来满足不同的业务需求。

（五）数据仓库的特征

一般来讲,数据仓库具有四个方面的特征:

(1)数据仓库是面向主题的。

(2)数据仓库是集成的,数据仓库的数据有来自于分散的操作型数据,将所需数据从原来的数据中抽取出来,进行加工与集成、统一与综合之后才能进入数据仓库。

(3)数据仓库是不可更新的,数据仓库主要是为决策分析提供数据,所涉及的操作主要是数据的查询。

(4)数据仓库是随时间而变化的,传统的关系数据库系统比较适合处理格式化的数据,能够较好地满足商业商务处理的需求,在商业领域取得了巨大的成功。

（六）数据仓库和数据库的区别

数据仓库是一种结构体系,而数据库是一种具体技术,这便是二者最根本的区别。我们以

MySQL 数据库和 Hive 数据仓库为例来详细说明。Hive 事实上就是一个很宏大的“体系结构”，它可以把元数据保存在 MySQL、Oracle 或者 Derby 这些具体的数据库“技术”里；它在进行查询时把 SQL 转化成 MapReduce job，这里它又用到了 MapReduce 计算模型这种“技术”。而单独使用 MySQL 虽然可以查询简单的需求，但是不能达到数据仓库“支持决策”这一高度。从高处看这些概念：数据仓库是伴随着信息与决策支持系统的发展过程产生的，而数据库并不是。

数据库和数据仓库的用户群体和工作场景不同，数据库属于操作型系统，数据仓库属于分析型系统。操作型系统（数据库）的用户群体是大量客户，每次操作修改的数据量非常小，对时间敏感度非常高；分析型系统（数据仓库）的用户是决策人员，他们不修改数据但是会分析大量数据，而且他们对得出结果的时间不敏感。比如每天有上千万用户在发微博、修改个人资料，每个人都只修改属于自己的那几条数据，同时希望修改后立刻可以用。而为数不多的决策者希望通过微博进行挖掘，他们不可能修改用户数据，但是他们会访问大量数据。最后他们对时间不敏感，对于得到分析结果需要 5 min 还是 1 h 都可以接受。

二、Hadoop 与数据仓库

传统数据仓库一般建立在 Oracle、MySQL 这样的关系型数据库系统之上。关系型数据库主要的问题是不好扩展，或者说扩展的成本非常高，因此面对当前的大数据问题时显得能力不足，而这时就显示出 Hadoop 的威力。Hadoop 生态圈最大的吸引力是它有能力处理非常大的数据量。因为数据和计算都是分布式的，在大多数情况下，Hadoop 生态圈的工具能够比关系型数据库处理更多的数据。

例如，在一个 10 TB 的 Web 日志文件中，找出单词“ERROR”的个数。解决这个问题最直接的方法就是查找日志文件中的每个单词，并对单词“ERROR”的出现进行计数。做这样的计算会将整个数据集读入内存。作为讨论的基础，假设从磁盘到内存的数据传输速率为 100 MB/s，这意味着在单一计算机上要将 10 TB 数据读入内存需要 27.7 h。如果我们把数据分散到 10 台计算机上，每台计算机只需要处理 1 TB 的数据。它们彼此独立，可以对自己的数据分片中出现的“ERROR”计数，最后再将每台计算机的计数相加。在此场景下，每台计算机需要 2.7 h 读取 1 TB 数据。因为所有计算机并行工作，所以总时间也近似为 2.7 h。这种方式即为线性扩展——可以通过简单地增加所使用的计算机数量来减少处理数据花费的时间。依此类推，如果使用 100 台计算机，做这个任务只需 0.27 h。Hadoop 背后的核心观点是：如果一个计算可以被分成更小的部分，每一部分工作在独立的数据子集上，并且计算的全局结果是独立部分结果的联合，那么此计算就可以分布在多台计算机中并行执行。因此，从这个角度来说，使用 Hadoop 代替传统数据库来建设数据仓库是大势所趋，在接下来的任务中，我们将会学习大数据仓库工具——Hive。

扫一扫

初识 Hive

任务二　初识 Hive

Hive 是 Hadoop 生态圈中的重要成员，对于每一种技术，我们在学习其使用方法前，都有必要去了解它的背景知识，从而形成立体的认知框架，本任务我们就从 Hive 的产生背

景出发,了解 Hive 的基本概念。

任务目标

- 了解 Hive 的基本概念。
- 了解 Hive 的发展历程。
- 了解 Hive 的特性和优缺点。

任务实施

Hive 是基于 Hadoop 的一个数据仓库工具,用来进行数据提取、转化、加载,这是一种可以存储、查询和分析存储在 Hadoop 中的大规模数据的机制。Hive 数据仓库工具能将结构化的数据文件映射为一张数据库表,并提供 SQL 查询功能,能将 SQL 语句转变成 MapReduce 任务来执行。Hive 的优点是学习成本低,可以通过类似 SQL 语句实现快速 MapReduce 统计,使 MapReduce 变得更加简单,而不必开发专门的 MapReduce 应用程序。Hive 十分适合对数据仓库进行统计分析。

一、Hive 的发展历史

一种技术的产生,大部分都是为了解决某一个问题。Hadoop 主要解决了海量数据的存储、分析、学习问题。因为随着数据的爆炸式增长,一味地靠硬件提升数据处理效率、增加存储量,不仅成本高,处理高维数据的效率提升也很有限,这将是一个瓶颈。Hadoop 的搭建只需要普通的 PC,它的 HDFS 提供了分布式文件系统;MapReduce 是一个并行编程模型,为程序员提供了编程接口,用于解决离线海量数据(文字、图形等)的计算问题。HDFS(数据存储用)、MR(数据计算用)都屏蔽了分布式、并行底层的细节问题,程序员使用起来简单方便。

但是对于数据量大的计算问题,Hadoop 自身的 MapReduce 显得力不从心,首先是 MR 编程专业性较强,对于开发、测试不方便,在需求变更时也不方便,因为大多传统关系型数据库人员熟悉的是 SQL 而不是 Java;另一个根本的问题是 MapReduce 执行效率低,因为 MapTask、ReduceTask 都是以进程执行的,即使它能够开启 JVM,但在使用时要开启进程、不用时要关闭进程,耗费成本。

2004 年成立的 Facebook 不到一年用户数就超过 100 万。同年,Hadoop 发布了最初版本。Facebook 当初为了解决海量结构化的日志数据统计问题,于是在 MapReduce 的基础上开发了 Hive 框架(源码是 Java 语言),并且将其开源了。Hadoop 是大数据时代的核心技术,而 Hive 也迅速成为了学习 Hadoop 相关技术的突破口。

二、Hive 特性

(一)针对海量数据的高性能查询和分析系统

由于 Hive 的查询是通过 MapReduce 框架实现的,而 MapReduce 本身就是为实现针对海量数据的高性能处理而设计的,所以 Hive 天然就能高效地处理海量数据。

与此同时,Hive 针对 HiveQL 到 MapReduce 的翻译进行了大量的优化,从而保证了生成的

MapReduce 任务是高效的。在实际应用中,Hive 可以高效地对 TB 甚至 PB 级的数据进行处理。

(二)类 SQL 的查询语言

HiveQL 和 SQL 非常类似,所以熟悉 SQL 的用户基本不需要培训就可以非常容易地使用 Hive 进行很复杂的查询。

(三)HiveQL 灵活的可扩展性(extendibility)

除了 HiveQL 自身提供的能力,用户还可以自定义其使用的数据类型,也可以用任何语言自定义 Mapper 和 Reducer 脚本,还可以自定义函数(普通函数、聚集函数)等。这就赋予了 HiveQL 良好的可扩展性。用户可以利用这种可扩展性实现非常复杂的查询。

(四)高扩展性(scalability)和容错性

Hive 本身并没有执行机制,用户查询的执行是通过 MapReduce 框架实现的。由于 MapReduce 框架本身具有高度可扩展(计算能力随 Hadoop 机群中机器的数量增加而线性增加)和高容错的特点,所以 Hive 也相应具有这些特点。

(五)与 Hadoop 其他产品完全兼容

Hive 自身并不存储用户数据,而是通过接口访问用户数据。这就使得 Hive 支持各种数据源和数据格式。例如,它支持处理 HDFS 上的多种文件格式(TextFile、SequenceFile 等),还支持处理 HBase 数据库。用户也完全可以实现自己的驱动来增加新的数据源和数据格式。一种理想的应用模型是将数据存储在 HBase 中实现实时访问,而用 Hive 对 HBase 中的数据进行批量分析。

三、Hive 和传统关系型数据库的区别

从结构上来看,Hive 和关系型数据库除了拥有类似的查询语言,再无类似之处,也就是说,两者有着很大区别。关系型数据库可以用在 Online 的应用中,但 Hive 是为数据仓库而设计的,清楚了这一点,有助于从应用角度理解 Hive 的特性。

Hive 将外部的任务解析成一个 MapReduce 可执行计划,而启动 MapReduce 是高延迟的,每次提交任务和执行任务都需要消耗很多时间,这也决定了 Hive 只能处理一些高延迟的应用(如果想处理低延迟的应用,可以考虑使用 Hbase)。

同时,由于设计的目标不一样,Hive 不支持事务处理,也不提供实时查询功能;不能对表数据进行修改,包括:

(1)不能更新、删除、插入,只能通过文件追加数据和重新导入数据。

(2)不能对列建立索引(但是 Hive 支持索引的建立,不过这并不能提高 Hive 的查询速度。如果想提高 Hive 的查询速度,得运用 Hive 的分区、桶)

其实对于更新、事务和索引,并非 Hive 不支持,而是影响性能,不符合最初数据仓库的设计理念。但是随着时间的推移,Hive 在很多方面也不断完善。HiveQL 和 SQL 的区别具体见表 1-1。

表 1-1　HiveQL 和 SQL 的区别

比较项	SQL	HiveQL
ANSI SQL	支持	不完全支持
更新	UPDATE\INSERT\DELETE	INSERT OVERWRITE\INTO TABLE
事务	支持	不支持

续表

比较项	SQL	HiveQL
模式	写模式	读模式
数据保存	块设备、本地文件系统	HDFS
延时	低	高
多表插入	不支持	支持
子查询	完全支持	只能用在 From 子句中
视图	Updatable	Read-only
可扩展性	低	高
数据规模	小	大

四、Hive 架构

扫一扫

Hive 架构

Hive 架构如图 1-1 所示。

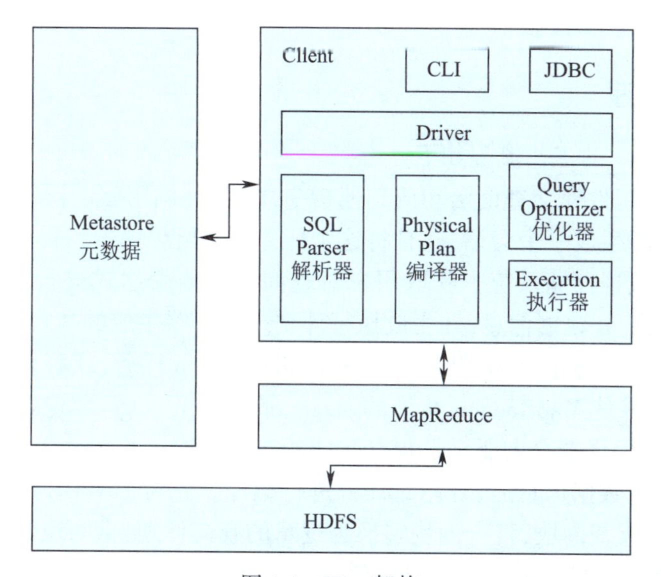

图 1-1　Hive 架构

(一)用户接口(client)

Hive 提供三种用户接口,包括:

(1)CLI, Shell 终端命令行(command line interface),采用交互形式使用 Hive 命令行与 Hive 进行交互,常用于学习、调试、生产。

(2)JDBC/ODBC,该接口是 Hive 基于 JDBC 操作提供的客户端,用户(开发人员、运维人员)通过此接口连接至 Hive Server 服务。

(3)Web UI,通过浏览器访问 Hive。

(二)元数据(metastore)

元数据是一个独立的关系型数据库,默认存储在自带的 derby 数据库中(推荐将其改为 MySQL),Hive 会在其中保存模式和其他系统的元数据,并提供单用户模式、多用户模式、远程

服务器模式等三种连接模式。元数据包括:表名、表所属的数据库(默认是 default)、表的拥有者、列/分区字段、表的类型(是否是外部表)、表的数据所在目录等。

(三)Hadoop

Hive 的数据存储在 HDFS 中,针对大部分的 HQL 查询请求,Hive 内部自动转换为 MapReduce 进行计算。

(四)驱动器(driver)

通过驱动器模块对输入进行解析编译,对需求的计算进行优化,然后按照指定的步骤执行(通常启动多个 MapReduce 任务来执行)。

(1)解析器(SQL parser):将 SQL 字符串转换成抽象语法树 AST,这一步一般都用第三方工具库完成,例如 antlr;对 AST 进行语法分析,例如表是否存在、字段是否存在、SQL 语义是否有误。

(2)编译器(physical plan):将 AST 编译生成逻辑执行计划。

(3)优化器(query optimizer):对逻辑执行计划进行优化。

(4)执行器(execution):把逻辑执行计划转换成可以运行的物理计划。对于 Hive 来说,就是 MapReduce/Spark。

五、Hive 工作原理

如图 1-2 所示,Hive 的工作流程如下:

(1)用户通过 UI 组件提交查询语句或其他指令,UI 组件调用驱动器组件的命令执行接口。

(2)驱动器为任务生成一个会话,并且将这个任务提交给编译器组件。

(3)编译器从元数据存储系统中获取用户对查询树中的表达式进行数据类型检查和基于分区的查询预测所需的元数据信息,并生成执行计划。编译器生成的执行计划是一个由不同的 stage 组成的有向无环图,每个 stage 有可能是一个 MapReduce 任务,或者是元数据信息操作,或者是 HDFS 操作。如果是 MapReduce 类型的 stage,那么这个 stage 会包含一个 Map 操作树和 Reduce 操作树。最后编译器会向驱动器提交生成的执行计划。

(4)编译器得到元数据信息后,开始对任务进行编译。先将 HiveQL 转换为抽象语法树,然后将抽象语法树转换成查询块,将查询块转换为逻辑的查询计划,重写逻辑查询计划,将逻辑计划转换为物理的计划(MapReduce),最后选择最佳的策略。

(5)执行器收到执行计划之后,会根据 stage 之间的依赖关系向合适的外部组件提交这些 stage(不同部署方式会有所不同)。外部组件(如 Hadoop)会将执行结构保存成临时文件。如果任务执行会导致元数据信息的变动,执行器会通知元数据存储系统进行元数据修改。

(6)驱动器将计划任务转交给执行器去执行,获取元数据信息,提交给 JobTracker 或者 SourceManager 执行该任务,任务会直接读取 HDFS 中文件进行相应的操作。

(7)获取执行的结果。

(8)取得并返回执行结果。

六、Hive 数据模型

接下来我们通过数据库、表、行、列、分区、桶等五个概念来介绍一下 Hive 的数据模型。

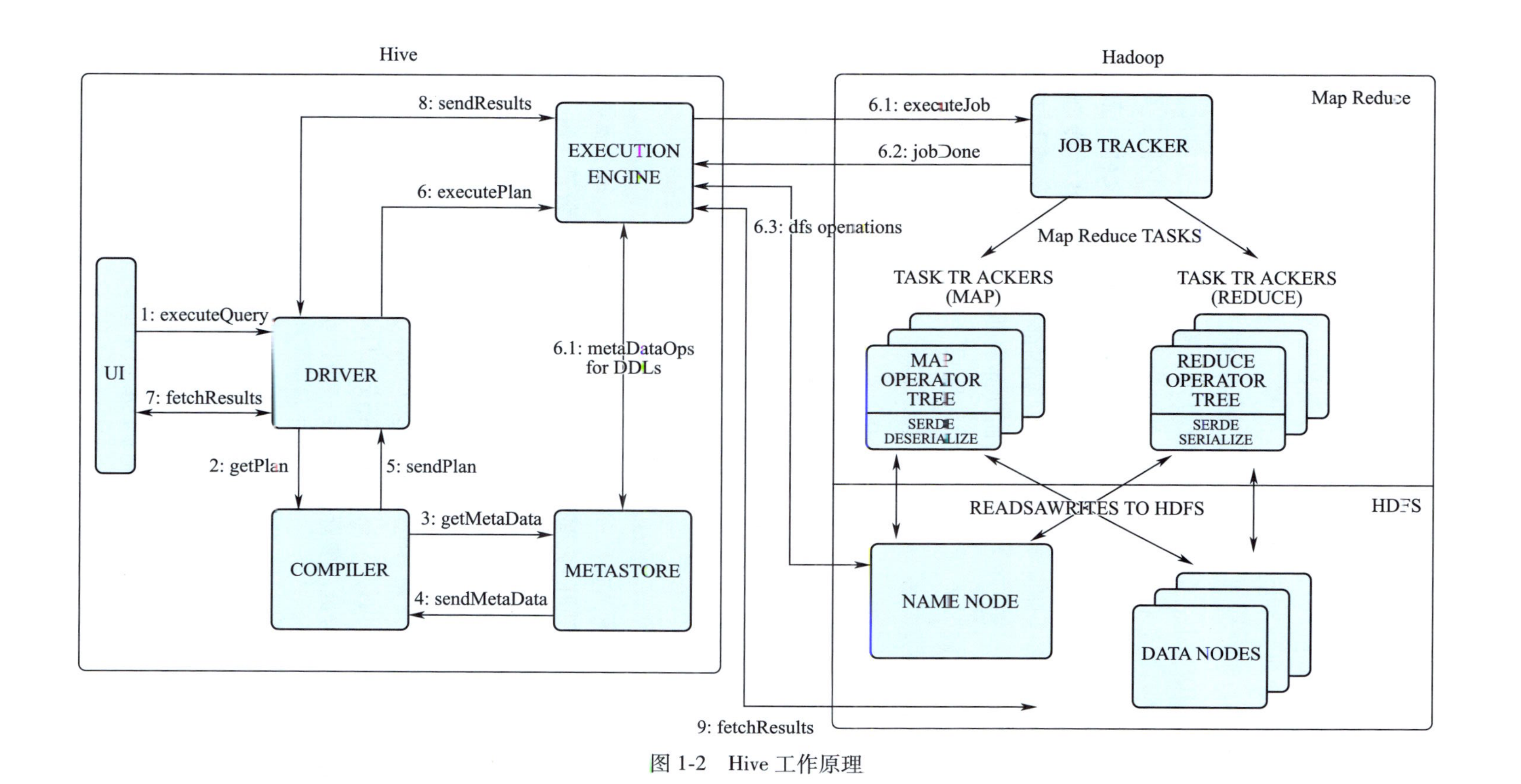

图 1-2　Hive 工作原理

扫一扫

Hive 数据组织

（一）数据库（database）

Hive 中的数据库和一般关系型数据库（如 MySQL、SQL Server）中的数据库的概念是类似的，其作用主要是将用户建的表进行隔离。实际存储的时候就是一个数据库的所有表存储在一个文件夹中。

（二）表（table）

表是实际存放数据的地方，和传统数据库中类似，Hive 中的表实际上也是二维表，分为行和列，不同之处在于 Hive 中除了一些原生类型之外，还支持 List 和 Map 类型，当然用户也可以自定义类型，Hive 中的表分为外部表和内部表，其中内部表是由 Hive 管理的表，数据存储在 HDFS 上，当删除表时，表的元数据和数据都会被删除。内部表可以使用 HiveQL 命令进行创建、删除和修改等操作。外部表与内部表不同，它们只是在 Hive 中定义了元数据，而实际数据存储在外部存储系统中，例如 HDFS、S3 或本地文件系统等。当删除外部表时，只会删除元数据，而不会删除实际数据。外部表可以使用 HiveQL 命令进行查询和修改等操作，但不能使用 HiveQL 命令删除实际数据。因此，内部表和外部表的最大区别在于对数据的管理方式。内部表是由 Hive 管理数据的方式，而外部表则是将数据存储在外部存储系统中，并由 Hive 管理元数据。通常情况下，外部表用于访问已经存在的数据，而内部表用于创建新的数据。

（三）行（row）

在 Hive 中，行就是一条数据记录，在默认存储方案下，Hive 会指定一个行分割符号对数据进行分割，默认为换行符。行分割符可以在建表的时候指定。需要注意的是，Hive 中的行和传统数据库中的行有所不同。在传统数据库中，行是一个完整的记录，而在 Hive 中，行仅包含表中的一部分数据。此外，Hive 中的行通常是以文本格式存储在 HDFS 上，而不是以二进制格式存储。

（四）列（col）

列是表中的一个数据项，它由一个名称和一个数据类型组成。每个表可以包含一个或多个列，而每个列都可以存储不同的数据类型，如整数、字符串、浮点数等。需要注意的是，Hive 中的列通常以文本格式存储在 HDFS 上，而不是以二进制格式存储。

（五）分区（partition）

为了便于用户组织数据，Hive 中提供了一个分区的概念，和 Oracle 中的分区类似，可以按照某个字段的不同取值，将数据组织在不同的分区中。现在 Hive 支持多级分区，即对分区之后的数据再进行分区，比如公司订单数据，可以先按照日期进行分区，每天一个分区，然后将每天的分区按照销售区域进行分区。实际储存时每个分区实际上就是表目录下的一个子目录，多级分区就是子子目录，依此类推。

（六）桶（bucket）

分区的数据可以按照某个字段拆分成多个文件并进行存储，每个部分称为一个桶。桶可以基于表中的一个列进行定义，并且每个桶包含相同数量的行。Hive 中桶的使用可以提高查询效率，因为查询只需要扫描少量的桶而不是整个表。当查询条件中包含桶列时，Hive 可以快速定位数据所在的桶，从而减少查询所需的 I/O 操作量。要使用桶，需要在创建表时指定桶列和桶的数量。需要注意的是，桶列应该是经常被查询的列，否则使用桶可能不会提高查询性能。此外，如果表中的数据量很小，则使用桶可能不会提高查询性能，反而会增加额外的开销。

本任务对 Hive 进行了简要介绍,包括产生背景、发展历程、基本架构、特性、工作原理、数据模型等,并对比了 Hive 和传统关系型数据库的优缺点,希望读者学完本任务后对 Hive 的使用场景和用途有基本的了解。

思考与练习

一、选择题

1. 传统的业务数据库存在(　　)的问题。(多选)

A. 结构复杂　　B. 数据脏乱　　C. 理解困难　　D. 缺少历史
E. 大规模查询缓慢

2. 数据仓库的优点包括(　　)。(多选)

A. 结构清晰,简单　　B. 可复用,易拓展　　C. 数据干净　　D. 高速查询
E. 数据语义化/统一描述

3. 数据仓库的特征不包括(　　)。

A. 面向主题　　B 集成　　C. 可更新　　D. 随时间而变化

4. Hive 的架构中不包括(　　)。

A. Metastore　　B. Hadoop　　C. Driver　　D. Hbase

5. Hive 的驱动器模块中不包括(　　)。

A. 解析器　　B. 编译器　　C. 选择器　　D. 执行器

二、填空题

1. 数据仓库和数据库最根本的区别在于________________________________。
2. Hive 是基于________的一个数据仓库工具。
3. Hive 本身并没有执行机制,用户查询的执行是通过________实现的。
4. 在 Hive 中,除了 HiveQL 外,用户还可使用________、________来进行查询。
5. Hive 提供________驱动,作为 Java 的 API。

三、判断题

1. 1991 年 MIT 的研究员出版了第一本关于数据仓库的图书 *Building the Data Warehouse*,标志着数据仓库概念的确立。(　　)

2. 数据仓库是可更新的,数据仓库主要是为决策分析提供数据,所涉及的操作主要是数据的查询。(　　)

3. 数据仓库可通过拉链表的形式来记录业务状态变化,甚至可以设计专用的事实表来记录。(　　)

4. 数据仓库本身并不提供高速查询功能。(　　)

5. 数据仓库,是为企业所有级别的决策制定过程,提供所有类型数据支持的战略集合。(　　)

四、简答题

1. 数据仓库的定义是什么?
2. 简述 Hive 的特性。
3. 简述 Hive 和传统关系型数据库的区别。
4. 数据仓库分为哪几个发展阶段?
5. 数据仓库有哪些特征?

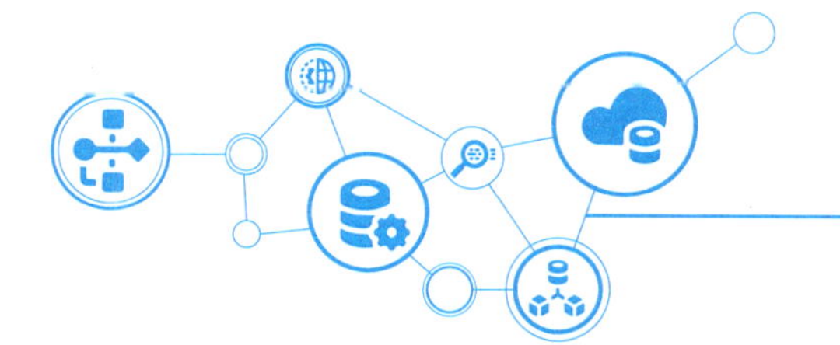

项目二

配置 Hive

任务　Hive 的部署和配置

任务描述

在“大数据集群与部署”相关课程中，学习了如何搭建 Hadoop 平台，既然 Hive 是基于 Hadoop 平台的数据仓库工具，那么首先要将 Hadoop 平台按照原有的方法搭建好，再进行 Hive 的安装配置。

任务目标

掌握 Hive 的安装、配置方法。

任务实施

一、下载 Hive

官网页面如图 2-1 所示。读者可以直接在官网查看相关帮助信息。

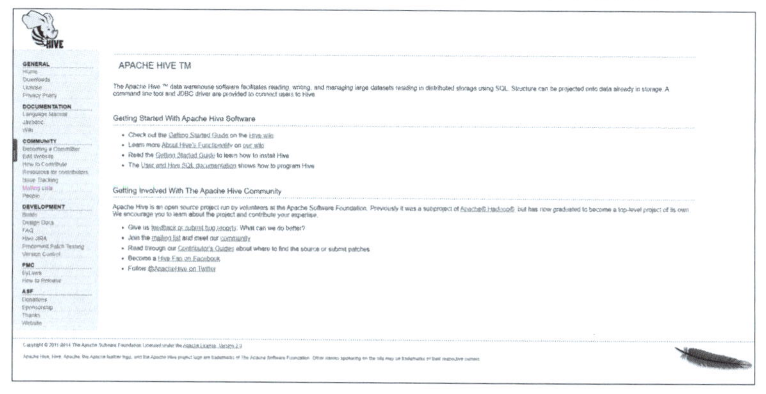

图 2-1　Hive 官网页面

Hive 官方文档如图 2-2 所示。

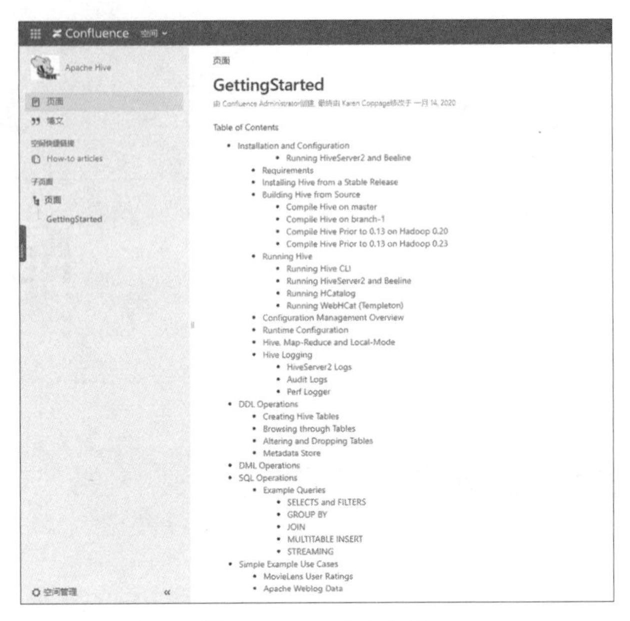

图 2-2　Hive 官方文档

下载地址的文件树中包含了各版本的 Hive 下载包,如图 2-3 所示。本书采用的 Hive 版本为 1.2.1,请读者选择对应条目,下载 apache-hive-1.2.1-bin.tar.gz 文件。

Index of /dist/hive

Name	Last modified	Size	Description
Parent Directory		-	
hive-0.10.0/	2012-12-18 23:30	-	
hive-0.11.0/	2013-05-11 17:02	-	
hive-0.12.0/	2013-10-10 02:05	-	
hive-0.13.0/	2014-04-15 20:58	-	
hive-0.13.1/	2014-11-16 20:18	-	
hive-0.14.0/	2014-11-16 20:18	-	
hive-0.6.0/	2010-10-20 22:30	-	
hive-0.7.0/	2011-03-20 09:06	-	
hive-0.7.1/	2011-06-15 07:33	-	
hive-0.8.0/	2011-12-13 00:43	-	
hive-0.8.1/	2012-01-26 00:32	-	
hive-0.9.0/	2012-04-24 19:17	-	
hive-1.0.0/	2015-02-03 23:11	-	
hive-1.0.1/	2015-05-21 01:21	-	
hive-1.1.0/	2015-03-09 02:50	-	
hive-1.1.1/	2015-05-21 01:22	-	
hive-1.2.0/	2015-05-15 22:37	-	
hive-1.2.1/	2015-06-26 18:35	-	
hive-1.2.2/	2020-07-03 04:35	-	
hive-2.0.0/	2016-02-15 18:45	-	
hive-2.0.1/	2016-05-24 17:20	-	
hive-2.1.0/	2016-06-21 01:26	-	
hive-2.1.1/	2018-05-04 20:50	-	
hive-2.2.0/	2018-05-04 20:50	-	
hive-2.3.0/	2017-10-04 10:50	-	
hive-2.3.1/	2017-11-06 17:57	-	

图 2-3　Hive 历史版本文件树下载地址

Hive 的 github 地址页面如图 2-4 所示。

图 2-4 Hive 的 github 地址页面

二、Hive 安装

扫一扫

Hive 安装配置

Hive 安装总体上可分为以下三个步骤。

（一）Hive 安装及配置

把 apache-hive-1. 2. 1-bin. tar. gz 上传到 Linux 的/opt/software 目录下，可以通过 XShell 或者其他 FTP 工具来实现。

解压 apache-hive-1. 2. 1-bin. tar. gz 到/opt/module/目录下面：

```
[root@ localhost software] $ tar-zxvf apache-hive-1.2.1-bin.tar.gz-C/opt/module/
```

修改 apache-hive-1. 2. 1-bin. tar. gz 的名称为 hive：

```
[root@ localhost module] $ mv apache-hive-1.2.1-bin/ hive
```

修改/opt/module/hive/conf 目录下的 hive-env. sh. template 名称为 hive-env. sh：

```
[root@ localhost conf] $ mv hive-env.sh.template hive-env.sh
```

配置 hive-env. sh 文件：

```
[root@ localhostconf] $ vim hive-env.sh
//配置 HADOOP_HOME 路径(根据本地 hadoop 的安装路径填写)
export HADOOP_HOME=/opt/module/hadoop-2.7.1
//配置 HIVE_CONF_DIR 路径
export HIVE_CONF_DIR=/opt/module/hive/conf
```

（二）Hadoop 集群配置

配置完成后，保存文件并退出，然后启动 HDFS 和 Yarn：

```
[root@ localhost hadoop] $ sbin/start-dfs.sh
[root@ localhost hadoop] $ sbin/start-yarn.sh
#hadoop-daemon start namenode/datanode
#yarn-daemon start resourcemanager/nodemanager
```

在 HDFS 上创建/tmp 和/user/hive/warehouse 两个目录并修改它们的同组权限为可写：

```
[root@ localhost hadoop] $ bin/hadoop fs-mkdir /tmp
[root@ localhost hadoop] $ bin/hadoop fs-mkdir-p/user/hive/warehouse
[root@ localhost hadoop] $ bin/hadoop fs-chmod g+w/tmp
[root@ localhost hadoop] $ bin/hadoop fs-chmod g+w/user/hive/warehouse
```

(三)初始化元数据库

到这里就配置完成了,下一步启动 Hive:

```
[root@ localhost hive] $ bin/hive
```

在启动前需要初始化元数据库,具体命令如下:

```
schematool-dbType derby-initSchema
```

(四)查看数据库

首先测试是否可以连接到元数据库,命令如下:

```
hive> show databases;
```

打开默认数据库:

```
hive> use default;
```

显示 default 数据库中的表:

```
hive> show tables;
```

创建一张表:

```
hive> create table student(id int, name string);
```

显示数据库中的表的名称和数量:

```
hive> show tables;
```

查看表的结构:

```
hive> desc student;
```

向表中插入数据:

```
hive> insert into student values(1000,"ss");
```

查询表中数据:

```
hive> select*from student;
```

退出 Hive:

```
hive> quit;
```

三、测试:将本地文件导入 Hive

安装好 Hive 后,通过一个简单的案例做一下测试,需求是将本地/opt/module/datas/student.txt 这个目录下的数据导入 Hive 的 student(id int, name string)表中。

(一)数据准备

在/opt/module/datas 这个目录下准备数据,在/opt/module/目录下创建 datas 目录:

```
[root@ localhost module] $ mkdir datas
```

在/opt/module/datas/目录下创建 student.txt 文件并添加数据,注意以【Tab】键间隔:

```
[root@ localhost datas] $ touch student.txt
[root@ localhost datas] $ vi student.txt
1001	zhangshan
1002	lishi
```

```
1003    zhaoliu
```

(二)Hive 操作

启动 Hive:

```
[root@ localhost hive] $ bin/hive
```

显示数据库:

```
hive> show databases;
```

使用 default 数据库:

```
hive> use default;
```

显示 default 数据库中的表:

```
hive> show tables;
```

删除已创建的 student 表:

```
hive> drop table student;
```

创建 student 表,示例代码如下:

```
hive> create table student (id int, name string) ROW FORMAT DELIMITED FIELDS
TERMINATED BY '\t' ;
```

代码之下这张表包含两列:“id”列为整数数据类型,“name”列为字符串数据类型,ROW FORMAT DELIMITED 是 Hive 表的一种行格式,用于指定如何将表中的行分隔开。在这种格式下,每行都以一个特定的分隔符(例如制表符或逗号)来分隔数据值。这种格式通常用于导入和导出数据。FIELDS TERMINATED BY '\t' 是一种指定 Hive 表中列之间分隔符的方法。在这个例子中,字段分隔符被设置为制表符('\t')。这意味着,在 Hive 表中,每个列都由制表符分隔。

加载/opt/module/datas/student. txt 文件到 student 数据库表中。命令如下:

```
hive> load data local inpath '/opt/module/datas/student.txt' into table student;
```

其中,load data local inpath 表示从本地文件系统中加载数据;'/opt/module/datas/student. txt' 指定了本地文件系统中的文件路径;into table student 表示将数据加载到名为 student 的 Hive 表中。

Hive 查询结果如下:

```
hive> select*from student;
OK
1001 zhangshan
1002 lishi
1003 zhaoliu
Time taken: 0.266 seconds, Fetched: 3 row(s)
```

(三)遇到的问题

打开一个客户端窗口启动 Hive,会产生 java. sql. SQLException 异常,如下:

```
Exception in thread "main" java.lang.RuntimeException: java.lang.RuntimeException:
Unable to instantiate
org.apache.hadoop.hive.ql.metadata.SessionHiveMetaStoreClient
at org.apache.hadoop.hive.ql.session.SessionState.start(SessionState.java:522)
```

```
        at org.apache.hadoop.hive.cli.CliDriver.run(CliDriver.java:677)
        at org.apache.hadoop.hive.cli.CliDriver.main(CliDriver.java:621)
        at sun.reflect.NativeMethodAccessorImpl.invoke0(Native Method)
        at sun.reflect.NativeMethodAccessorImpl.invoke(NativeMethodAccessorImpl.java:57)
        at sun.reflect.DelegatingMethodAccessorImpl.invoke(DelegatingMethodAccesso-
rImpl.java:43)
        at java.lang.reflect.Method.invoke(Method.java:606)
        at org.apache.hadoop.util.RunJar.run(RunJar.java:221)
        at org.apache.hadoop.util.RunJar.main(RunJar.java:136)
    Caused by: java.lang.RuntimeException: Unable to instantiate org.apache.hadoop.
hive.ql.metadata.SessionHiveMetaStoreClient
        at org. apache. hadoop. hive. metastore. MetaStoreUtils. newInstance
(MetaStoreUtils.java:1523)
        at org. apache. hadoop. hive. metastore. RetryingMetaStoreClient. <init>
(RetryingMetaStoreClient.java:86)
        at org. apache. hadoop. hive. metastore. RetryingMetaStoreClient. getProxy
(RetryingMetaStoreClient.java:132)
        at org. apache. hadoop. hive. metastore. RetryingMetaStoreClient. getProxy
(RetryingMetaStoreClient.java:104)
        at org. apache. hadoop. hive. ql. metadata. Hive. createMetaStoreClient (Hive.
java:3005)
        at org.apache.hadoop.hive.ql.metadata.Hive.getMSC(Hive.java:3024)
        at org.apache.hadoop.hive.ql.session.SessionState.start(SessionState.java:503)
    ... 8 more
```

出现以上异常的原因是 Metastore 默认存储在自带的 derby 数据库中。derby 的主要问题是并发性能很差,可以理解为单线程操作,只能允许一个会话连接,适合简单的测试,在实际生产环境中并不适用。为了支持多用户会话,通常需要一个独立的元数据库,实际上,Hive 内部对 MySQL 提供了很好的支持,因此我们使用 MySQL 作为元数据库。

四、安装 MySQL

(一)安装包准备

首先查看 MySQL 是否安装:

```
[root@ localhost/]# rpm-qa |grep mysql
mysql-libs-5.1.73-7.el6.x86_64
```

若已经安装 MySQL,则应先卸载原有的 MySQL。注意版本号,要根据自己已经安装的版本号填写,不要直接复制以下代码:

```
[root@ localhost/]# rpm-e-nodeps mysql-libs-5.1.73-7.el6.x86_64
```

选用的 MySQL 版本为 5.6.24。这里省略下载过程,使用 FTP 工具上传 mysql-libs.zip 至目录/opt/software,解压 mysql-libs.zip 文件到当前目录:

```
[root@ localhost software]# unzip mysql-libs.zip
[root@ localhost software]# ls
mysql-libs.zip
mysql-libs
```

进入 mysql-libs 文件夹,可以看到三个文件,分别是 MySQL 服务器端、MySQL 客户端和 MySQL 驱动,具体如下:

```
root@ localhost mysql-libs]# ll
总用量 76048
-rw-r--r--. 1 root root   18509960   3 月    26 2015 MySQL-client-5.6.24-1.el7.x86_64.rpm
-rw-r--r--. 1 root root   3575135    12 月   1 2013 mysql-connector-java-5.1.27.tar.gz
-rw-r--r--. 1 root root   55782196   3 月    26 2015 MySQL-server-5.6.24-1.el7.x86_64.rpm
```

(二)安装 MySQL 服务器端、客户端

安装 MySQL 服务器端:

```
[root@ localhost mysql-libs]# rpm -ivh MySQL-server-5.6.24-1.el7.x86_64.rpm
```

如果安装过程中出现报错(FATAL ERROR: please install the following Perl modules before executing /usr/bin/mysql_install_db:Data::Dumper),只需要通过 yum install autoconf-y 命令安装 autoconf 库即可。

安装 MySQL 客户端:

```
[root@ localhost mysql-libs]# rpm -ivh MySQL-client-5.6.24-1.el7.x86_64.rpm
```

在启动 MySQL 之前,切记要通过如下命令初始化 MySQL:

```
[root@ localhost software]# mysql_install_db--user=mysql--ldata=/var/lib/mysql/
```

查看 MySQL 服务状态:

```
[root@ localhost mysql-libs]# service mysql status
```

启动 MySQL 服务:

```
[root@ localhost mysql-libs]# service mysql start
```

修改密码:

```
[root@ localhost mysql-libs]# /usr/bin/mysqladmin -u root password '123456'
```

退出 MySQL:

```
mysql>exit
```

(三)user 表中的主机配置

配置方式只要是 root 用户+密码,在任何主机上都能登录 MySQL 数据库。

进入 MySQL:

```
[root@ localhost mysql-libs]# mysql -uroot -p123456
```

显示数据库:

```
mysql>show databases;
```

使用 MySQL 数据库:

```
mysql>use mysql;
```

展示 MySQL 数据库中所有的表:

```
mysql>show tables;
```

展示 user 表的结构:

```
mysql>desc user;
```

查询 user 表:

```
mysql>select User, Host, Password from user;
```

为了允许所有用户登录,需要修改 user 表,把 host 字段中的 localhost 替换为%:

```
mysql>update user set host='%' where host='localhost';
```

删除 root 用户以外的其他 host(根据自己查询的结果填写):

```
mysql>delete from user where Host='hadoop';
mysql>delete from user where Host='127.0.0.1';
mysql>delete from user where Host='::1';
```

刷新使修改生效:

```
mysql>flush privileges;
```

退出 MySQL:

```
mysql>quit;
```

扫一扫

Hive 元数据配置到 MySQL(1)

扫一扫

Hive 元数据配置到 MySQL(2)

五、将 Hive 元数据配置到 MySQL

(一)复制驱动

在/opt/software/mysql-libs 目录下解压 mysql-connector-java-5. 1. 27. tar. gz 驱动包:

```
[root@ localhost mysql-libs]# tar -zxvf mysql-connector-java-5.1.27.tar.gz
```

复制/opt/software/mysql-libs/mysql-connector-java-5. 1. 27 目录下的 mysql-connector-java-5. 1. 27-bin. jar 到/opt/module/hive/lib/:

```
[root@ localhost mysql-connector-java-5.1.27]# cp mysql-connector-java-5.1.27-bin.
jar /opt/module/hive/lib/
```

(二)配置 Metastore 到 MySQL

在/opt/module/hive/conf 目录下创建一个 hive-site. xml 文档:

```
[root@ localhost conf] $ touch hive-site.xml
[root@ localhost conf] $ vi hive-site.xml
```

根据官方文档配置参数,复制数据到 hive-site. xml 文件中,注意 IP 地址按照自己的填写,不要直接复制:

```
<? xml version="1.0"? >
<? xml-stylesheet type="text/xsl" href="configuration.xsl"? >
<configuration>
    <property>
        <name>javax.jdo.option.ConnectionURL</name>
        <value>jdbc:mysql://192.168.6.131:3306/metastore? createDatabaseIfNotExist=
true</value>
        <description>JDBC connect string for a JDBC metastore</description>
    </property>

    <property>
```

```
        <name>javax.jdo.option.ConnectionDriverName</name>
        <value>com.mysql.jdbc.Driver</value>
        <description>Driver class name for a JDBC metastore</description>
    </property>
    <property>
        <name>javax.jdo.option.ConnectionUserName</name>
        <value>root</value>
        <description>username to use against metastore database</description>
    </property>

    <property>
        <name>javax.jdo.option.ConnectionPassword</name>
        <value>123456</value>
        <description>password to use against metastore database</description>
    </property>
</configuration>
```

配置完毕后,如果启动 Hive 异常,可以重新启动虚拟机(重启后不要忘记启动 Hadoop 集群)。

(三)测试:多窗口启动 Hive

先启动 MySQL:

```
[root@ localhost mysql-libs] $ mysql -uroot -p123456
```

查看数据库数量和名称:

```
mysql> show databases;
+--------------------+
| Database           |
+--------------------+
| information_schema |
| mysql              |
| performance_schema |
| test               |
+--------------------+
```

再次打开多个窗口,分别启动 Hive:

```
[root@ localhost hive] $ bin/hive
```

启动 Hive 后,回到 MySQL 窗口查看数据库,显示增加了 metastore 数据库:

```
mysql> show databases;
+--------------------+
| Database           |
+--------------------+
| information_schema |
| metastore          |
| mysql              |
| performance_schema |
| test               |
+--------------------+
```

六、Hive JDBC 访问

HiveServer2(HS2)是一个服务器端接口,使远程客户端可以执行对 Hive 的查询并返回结果。目前基于 Thrift RPC 的实现是 HiveServer 的改进版本,并支持多客户端并发和身份验证。

(一)配置 hive-site. xml

在 hive 的安装目录下的配置文件 hive-site. xml 中配置信息如下:

```
<property>
  <name>hive.server2.enable.doAs</name>
  <value>false</value>
</property>
```

(二)配置 Hadoop 的 core-site. xml

在 Hadoop 安装目录下的配置文件 core-site. xml 中配置信息如下:

```
<property>
<name>hadoop.proxyuser.root.hosts</name>
<value>* </value>
</property>
<property>
<name>hadoop.proxyuser.root.groups</name>
<value>* </value>
</property>
```

重启 Hadoop,然后启动 hiveserver2 和 beeline 即可(注意把 root 替换成自己的用户名)。

(三)启动 hiveserver2 服务

```
[root@ localhost hive] $ bin/hiveserver2
```

(四)启动 beeline

```
[root@ localhost hive] $ bin/beeline
Beeline version 1.2.1 by Apache Hive
beeline>
```

(五)连接 hiveserver2

```
beeline> ! connect jdbc:hive2://192.168.6.131:10000(回车)
Connecting to jdbc:hive2://hadoop102:10000
Enter username for jdbc:hive2://192.168.6.131(你的主机 ip):10000: hadoop(回车)
Enter password for jdbc:hive2://hadoop102:10000:(直接回车)
Connected to: Apache Hive (version 1.2.1)
Driver: Hive JDBC (version 1.2.1)
Transaction isolation: TRANSACTION_REPEATABLE_READ
0: jdbc:hive2://hadoop102:10000> show databases;
+---------------+--+
| database_name  |
+---------------+--+
| default        |
| hive_db2       |
+---------------+--+
```

七、Hive 常见属性配置

（一）Hive 数据仓库位置配置

Default 数据仓库的最原始位置是在 HDFS 的/user/hive/warehouse 路径下。

在仓库目录下，没有对默认的数据库 default 创建文件夹。如果某张表属于 default 数据库，直接在数据仓库目录下创建一个文件夹即可。

修改 default 数据仓库原始位置（将 hive-default. xml. template 中如下配置信息复制到 hive-site. xml 文件中）：

```
<property>
<name>hive.metastore.warehouse.dir</name>
<value>/user/hive/warehouse</value>
<description>location of default database for the warehouse</description>
</property>
```

进入 Hadoop 安装目录下，配置同组用户有执行权限，具体命令如下：

```
[root@ localhost hadoop]# bin/hdfs dfs -chmod g+w /user/hive/warehouse
```

（二）查询后信息显示配置

在 hive-site. xml 文件中添加如下配置信息，就可以实现显示当前数据库，以及查询表的头信息配置：

```
<property>
    <name>hive.cli.print.header</name>
    <value>true</value>
</property>

<property>
    <name>hive.cli.print.current.db</name>
    <value>true</value>
</property>
```

重新启动 Hive，对比配置前后差异。

配置前：

```
hive> select *  from student;
OK
1001 zhangshan
1002 lishi
1003 zhaoliu
Time taken: 0.398 seconds, Fetched: 3 row(s)
```

配置后：

```
hive (default)> select *  from student;
OK
student.idstudent.name
1001 zhangshan
1002 lishi
```

```
1003 zhaoliu
Time taken: 0.398 seconds, Fetched: 3 row(s)
```

（三）Hive 运行日志信息配置

Hive 的运行日志默认存放在/tmp/root/hive. log 目录下（当前用户名下），但是由于 Linux 经常清理“/tmp”文件夹下的文件，所以需要将日志文件更换存放位置。

首先，由于安装 hive 初始时没有日志配置文件，可以从已有模板文件 hive-log4j. properties. template 复制出一份配置文件 hive-log4j. properties：

```
[root@ localhost conf] $ pwd
/opt/module/hive/conf
[root@ localhost conf] $ mv hive-log4j.properties.template hive-log4j.properties
```

然后在 hive-log4j. properties 文件中修改日志存放位置为/opt/module/hive/logs：

```
hive.log.dir=/opt/module/hive/logs
```

（四）参数配置方式

查看当前所有的配置信息，命令如下：

```
hive>set;
```

参数配置方式包括配置文件、命令行参数、参数声明三种方式。

1. 配置文件方式

默认配置文件：hive-default. xml。

用户自定义配置文件：hive-site. xml。

注意：用户自定义配置会覆盖默认配置。另外，Hive 也会读入 Hadoop 的配置，因为 Hive 是作为 Hadoop 的客户端启动的，Hive 的配置会覆盖 Hadoop 的配置。配置文件的设定对本机启动的所有 Hive 进程都有效。

2. 命令行参数方式

启动 Hive 时，可以在命令行添加-hiveconf param=value 来设定参数。

例如：

```
[root@ localhost hive] $ bin/hive -hiveconf mapred.reduce.tasks=10;
```

注意：仅对本次 Hive 启动有效。

查看参数设置，命令如下：

```
hive (default)> set mapred.reduce.tasks;
```

3. 参数声明方式

可以在 HiveQL 中使用 SET 关键字设定参数。

例如：

```
hive (default)> set mapred.reduce.tasks=100;
```

注意：仅对本次 Hive 启动有效。

查看参数设置，命令如下：

```
hive (default)> set mapred.reduce.tasks;
```

上述三种设定方式的优先级为配置文件>命令行参数>参数声明。注意，某些系统级的参数，例如 log4j 相关的设定，必须用前两种方式设定，因为那些参数的读取在会话建立以前已经完成了。

本任务详细介绍了 Hive 的安装和配置步骤。首先安装 Hive，然后配置 MySQL，启动 Hiveserver，最后介绍了 Hive 常见属性的配置。希望读者学完本任务后，能在学习环境中配置好 Hive，为后面的学习做好准备。

思考与练习

一、选择题

1. 下载好 Hive 的压缩包并上传到 Linux 目录下之后应该采取的下一步操作是(　　)。

A. 修改 hive-env. sh　　B. 解压压缩包

C. 启动 Hadoop 集群　　D. 查看进程

2. 修改 Hive 的运行日志文件存放位置应该修改(　　)文件。

A. hive-env. sh　　B. hive-log4j. properties

C. hive-site. xml　　D. hive-default. xml. template

3. Hive 的用户自定义配置文件是(　　)。

A. hive-default. xml　　B. hive-log4j. properties

C. hive-site. xml　　D. hive-default. xml. template

4. Hive 的 Metastore 默认存储在(　　)数据库中。

A. Hbase　　B. MongoDB

C. MySQL　　D. derby

5. 修改 Hive 参数有(　　)方式。(多选)

A. 通过配置文件修改　　B. 通过命令行修改

C. 通过数据库表修改　　D. 通过参数声明的方式

二、填空题

1. 本书 Hive 选取的版本为________。

2. 安装 Hive 时，配置 hive-env. sh 文件，需要配置________、________参数。

3. 初始化元数据库的指令是________________________________。

4. 在 txt 文件中以【Tab】键间隔数据，在创建表关联该文件的时候要以分隔符________声明。

5. 启动 hiveserver2 服务的命令是________，启动 beeline 的命令是________。

三、判断题

1. Hive 数据仓库的原始位置位于 Linux 系统的/user/hive/warehouse 路径下。(　　)

2. 修改 default 数据仓库原始位置是将 hive-default. xml. template 的配置信息复制到 hive-site. xml 文件中。(　　)

3. 在 hive-default. xml. template 文件中添加 hive. cli. print. header 信息可以显示表头信息。(　　)

4. 在 hive-site. xml 文件中添加 hive. cli. print. current. db 信息可以显示表头信息。(　　)

5. 由于 linux 经常清理/tmp 文件夹下的文件，所以我们将 Hive 的 log 文件更换存放位置。（ ）

四、简答题

1. 加载/opt/datas/123.txt 文件到 example 表中的命令是什么？
2. 如果未配置 MySQL 存储 metastore，启动多窗口 Hive 客户端会出现什么情况？
3. 判断 MySQL 客户端是否安装的命令是什么？
4. 如何配置 MySQL，以在任何主机都可以登录？
5. 初次配置 Hive 后，如果启动 Hive 异常，可以尝试通过什么方式解决？

实践篇

引言

通过基础篇的学习,我们已经对数据仓库和 Hive 有了初步了解,接下来将深入学习 Hive 的相关知识。在日常工作中,对于 Hive 我们使用最多的是 HiveQL,它是一种类似 SQL 的语言,与大部分的 SQL 语法兼容,但是并不完全支持 SQL 标准,如 HiveQL 不支持更新操作,也不支持索引和事务,它的子查询和 join 操作也很局限,这是因为其底层依赖于 Hadoop 平台,但其有些特点是 SQL 所无法企及的。例如,多表查询、支持 create table as select 和集成 MapReduce 脚本等。

本篇章主要介绍常用的 HiveQL 操作。首先是学习 Hive 数据类型、基础的 DDL 和 DML 语法、Hive Shell 操作;接下来,学习一些进阶语法,如复杂查询、函数;最后将了解一些优化 Hive 性能的方法。这些方法在日常工作中是十分常见的,如果读者想要提升 Hivc 的查询效率,掌握这些方法将让你如虎添翼。

学习目标

- 熟悉 Hive 的数据类型。
- 掌握 HiveQL DDL 和 DML 基本操作。
- 掌握 Hive Shell 基本操作。
- 掌握 HiveQL 复杂查询。
- 掌握 Hive 中函数和自定义函数的用法。
- 掌握 HiveQL 性能优化的方法。

知识体系

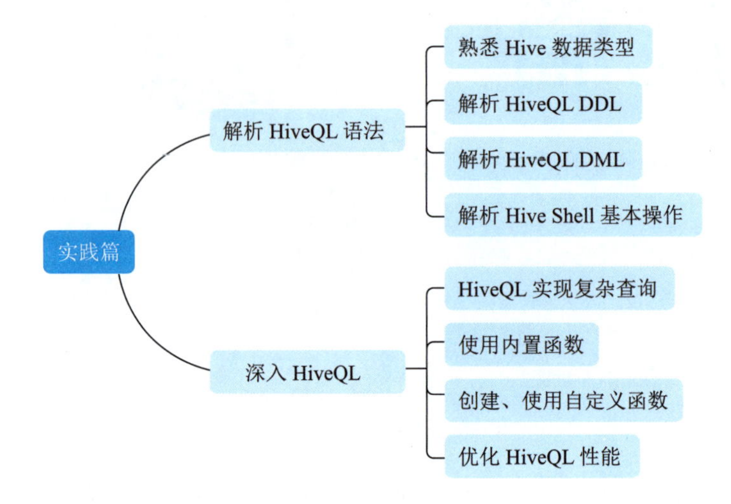

实践篇
解析 HiveQL 语法
熟悉 Hive 数据类型
解析 HiveQL DDL
解析 HiveQL DML
解析 Hive Shell 基本操作
深入 HiveQL
HiveQL 实现复杂查询
使用内置函数
创建、使用自定义函数
优化 HiveQL 性能

项目三

解析 HiveQL 语法

任务一　熟悉 Hive 数据类型

任务描述

建表是数据库应用的基本操作，使用 Hive 建表，首先要明白 Hive 中常用的数据类型有哪些，可以存储哪些类型的数据。本任务通过讲解 Hive 中不同数据类型的定义和区别，帮助读者掌握在 Hive 中建表时，不同情况下应使用何种数据类型。

任务目标

- 熟悉 Hive 的各种数据类型。

任务实施

Hive 支持的数据类型分为原始类型和复杂类型两类，其中原始类型包括 BOOLEAN、TINYINT、SMALLINT 等；复杂类型包括 ARRAY、MAP、STRUCT 等。表 3-1 所示为 Hive 所支持数据类型的总结。

表 3-1　HiveQL 数据类型

分类	类　型	描　述	字面量示例
原始类型	BOOLEAN	true/false	TRUE
	TINYINT	1 字节的有符号整数，-128~127	1Y
	SMALLINT	2 字节的有符号整数，-32 768~32 767	1S
	INT	4 字节的带符号整数	1
	BIGINT	8 字节带符号整数	1L

续表

分类	类　型	描　述	字面量示例
原始类型	FLOAT	4 字节单精度浮点数	1.0
	DOUBLE	8 字节双精度浮点数	1.0
	DEICIMAL	任意精度的带符号小数	1.0
	STRING	字符串,变长	"a",'b'
	VARCHAR	变长字符串	"a",'b'
	CHAR	固定长度字符串	"a",'b'
	BINARY	字节数组	无法表示
	TIMESTAMP	时间戳,纳秒精度	122 327 493 795
	DATE	日期	'2016-03-29'
复杂类型	ARRAY	有序的同类型的集合	array(1,2)
	MAP	key-value,key 必须为原始类型,value 可以为任意类型	map('a',1,'b',2)
	STRUCT	字段集合,类型可以不同	struct('1',1,1.0), named_stract('col1','1','col2',1,'clo3',1.0)
	UNION	在有限取值范围内的一个值	create_union(1,'a',63)

一、原始类型

Hive 支持多种不同长度的整型和浮点型数据类型,支持布尔类型,也支持无长度限制的字符串类型,后续的 Hive 增加了时间戳数据类型和二进制数组数据类型。和其余的 SQL 语言一样,这些都是保留字。需要注意的是,所有的数据类型都是对 Java 中接口的实现,所以这些类型的具体行为细节和 Java 中对应的类型是完全一致的。例如,STRING 类型实现的是 Java 中的 string;FLOAT 实现的是 Java 中的 float。

(一)整型

整型数据可以指定使用整型数据类型。当数据范围超过 INT 的 4 个字节范围(最大值 2 147 483 647),需要使用 BIGINT;如果数据范围只有 2 个字节内(最大值 65 535),则可以使用 SMALLINT ;如果只有 1 个字节内(最大值 255),则使用 TINYINT。表 3-2 描述了各种 INT 数据类型。

表 3-2　INT 数据类型

类　型	后　缀	示　例
TINYINT	Y	10Y
SMALLINT	S	10S
INT	–	10
BIGINT	L	10L

(二)浮点型

浮点型包括 FLOAT 和 DOUBLE 两种,对应 Java 的 float 和 double,分别为 32 位和 64 位。

DECIMAL 用于表示任意精度的小数,类似于 Java 的 BigDecimal,通常在货币当中使用。例如 DECIMAL(5,2)用于存储-999.99~999.99 的数字,省略掉小数位,DECIAML(5)表示-99 999~99 999 的数字。小数点左边允许的最大位数为 38 位。

(三)字符串类型

Hive 有三种类型用于存储文本。STRING 存储变长的文本,对长度没有限制。理论上来说 STRING 可以存储的大小为 2 GB,但是存储特别大的对象时效率可能受到影响,可以考虑使用 Sqoop 提供的大对象支持。VARCHAR 与 STRING 类似,但是长度上只允许为 1~65 355。例如 VARCHAR(100)。CHAR 则用固定长度来存储数据。

(四)布尔及二进制

BOOLEAN 表示二元的 true 或 false。BINARY 用于存储变长的二进制数据。

(五)时间戳类型

TIMESTAMP 存储纳秒级别的时间戳,同时 Hive 提供了一些内置函数用于在 TIMESTAMP 与 UNIX 时间戳(秒)和字符串之间做转换。例如:

```
cast(date as date)
cast(timestamp as date)
cast(string as date)
cast(date as string)
```

时间戳类型的数据不包含任务的时区信息,但是 to_utc_timestamp 和 from_utc_timestamp 函数可以用于时区转换。DATE 类型则表示日期,对应年、月、日三个部分。

二、复杂数据类型

Hive 中支持的复杂数据类型包括 ARRAY、MAP、STRUCT、UNION 四种。

(一)ARRAY

ARRAY 与 Java 中的 array 类似,是一种集合数据类型,它允许用户将多个值组合在一起,并将它们存储在单个列中。ARRAY 由一组元素组成,每个元素都可以是任何 Hive 支持的数据类型。ARRAY 数据类型声明格式如下:

```
ARRAY<data_type>
```

元素访问通过 0 开始的下标,例如 arrays[1]访问第二个元素。

(二)MAP

MAP 与 Java 中的 map 类似,是一种集合数据类型,它允许用户将键值对组合在一起,并将它们存储在单个列中。MAP 数据类型的声明格式如下:

```
MAP<primitive_type,data_type>
```

key 只能是基本类型,值可以是任意类型。MAP 的元素访问则使用[ ],例如 map['key1']。

(三)STRUCT

STRUCT 是一种复合数据类型,它允许用户将多个相关字段组合在一起。用户可以使用 STRUCT 来表示一个对象,其中包含多个属性。例如,用户可以使用 STRUCT 来表示一个人员记录,其中包括姓名、年龄和地址等字段。STRUCT 封装一组有名字的字段,其类型可以是任意的基本类型,STRUCT 中元素的访问使用点号“.”。

(四)UNION

UNION 则类似于 C 语言中的 UNION 结构,在给定的任何一个时间点,UNION 类型可以保存指定数据类型中的任意一种。类型声明语法如下：

```
UNIONTYPE<data_type,data_type,…>
```

每个 UNION 类型的值都通过一个整数来表示其类型，这个整数位声明时的索引从 0 开始。

三、类型转换

Hive 的类型层次中，可以根据需要进行隐式的类型转换，例如，TINYINT 与 INT 相加，则会将 TINYINT 转化成 INT，然后 INT 做加法。隐式转换的规则大致可以归纳如下：

(1) 任意数值类型都可以转换成更宽的数据类型（不会导致精度丢失）或者文本类型。

(2) 所有的文本类型都可以隐式地转换成另一种文本类型。也可以被转换成 DOUBLE 或者 DECIMAL，转换失败时抛出异常。

(3) BOOLEAN 不能做类型转换。

(4) 时间戳和日期可以隐式地转换成文本类型。

也可以使用 CAST 进行显式的类型转换，如 CAST('1' as INT)，如果转换失败，CAST 返回 NULL。

任务小结

本任务介绍了 Hive 中的各种数据类型，与 Java 相似，其中原始类型包括 BOOLEAN、TINYINT、SMALLINT、INT、BIGINT、FLOAT、DOUBLE、DEICIMAL、STRING、VARCHAR、CHAR、BINARY、TIMESTAMP、DATE；复杂类型包括 ARRAY、MAP、STRUCT、UNION，在建表时，要清楚每个字段的内容，从而选择相应的数据类型，这样可以节省存储空间，提升性能。

任务二　解析 HiveQL DDL

任务描述

本任务介绍 Hive 的数据定义语言(DDL)，主要用于在数据库中创建新表或删除表，以及为表加入索引等，本任务将讲解常用的几种 DDL 语言，读者学完之后能够根据需求创建、修改数据库和表。

任务目标

- 掌握数据库的创建、展示、查询、删除、修改、切换方法。
- 掌握表的创建、展示、查询、修改、截断、删除、修改分区方法。

任务实施

DDL 是对数据库内部的对象进行创建、删除、修改等操作的语言。它和 DML 语言最大的区别是 DML 只是对表内部数据的操作，而不涉及表的定义，结构的修改，更不会涉及其他对象。

扫一扫

HiveQL DDL(1)

一、基于数据库的 DDL 操作

（一）创建数据库

```
CREATE (DATABASE |SCHEMA) [IF NOT EXISTS] database_name
  [COMMENT database_comment]
  [LOCATION hdfs_path]
  [WITH DBPROPERTIES (property_name=property_value, ...)];
```

上述代码中的相关参数项说明如下：

- CREATE（DATABASE|SCHEMA）：指定创建的是数据库还是模式。
- [IF NOT EXISTS]：可选项，表示如果该数据库或模式已经存在，则不会创建。
- database_name：指定创建的数据库或模式的名称。
- [COMMENT database_comment]：可选项，为数据库或模式添加注释。
- [LOCATION hdfs_path]：可选项，指定数据库或模式在 HDFS 上的存储路径。
- [WITH DBPROPERTIES（property_name = property_value，...）]：可选项，为数据库或模式添加属性。

例如，按照要求创建 hive1、hive2、hive3 三个数据库，代码如下：

```
hive> CREATE DATABASE hive1;
OK
hive> CREATE DATABASE IF NOT EXISTS hive2
    > COMMENT "this ishadoop database"
    > WITH DBPROPERTIES ("creator"="hadoop", "date"="2021-07-30");
OK
hive> CREATE DATABASE hive3 LOCATION '  /db_hive3'  ;
OK
hive> show databases;
OK
default
hive1
hive2
hive3
```

在 HDFS 中查看数据库文件夹，代码如下：

```
[root@ localhost ~] $ hadoop fs-ls /user/hive/warehouse
Found 2 items
drwxr-xr-x   - hadoop supergroup        0 2018-06-16 15:26 /user/hive/warehouse/hive1.db
drwxr-xr-x   - hadoop supergroup        0 2018-06-16 15:28 /user/hive/warehouse/hive2.db
[root@ localhost ~] $ hadoop fs -ls /
Found 3 items
```

```
drwxr-xr-x   - hadoop supergroup        0 2018-06-16 15:29 /db_hive3
drwx-wx-wx   - hadoop supergroup        0 2018-06-03 15:57 /tmp
drwxr-xr-x   - hadoop supergroup        0 2018-06-03 16:43 /user
```

在 MySQL 中查看数据库相关信息,代码如下:

```
mysql> use metastore;
Database changed
mysql> select*from DBS \G
    ***************************1. row ***************************
          DB_ID: 1
           DESC: Default Hive database
DB_LOCATION_URI: hdfs://192.168.6.131:9000/user/hive/warehouse
           NAME: default
     OWNER_NAME: public
     OWNER_TYPE: ROLE
***************************2. row ***************************
          DB_ID: 6
           DESC: NULL
DB_LOCATION_URI: hdfs://192.168.6.131:9000/user/hive/warehouse/hive1.db
     NAME: hive1
     OWNER_NAME: root
     OWNER_TYPE: USER
***************************3. row ***************************
          DB_ID: 7
           DESC: this is hadoop database
DB_LOCATION_URI: hdfs://192.168.6.131:9000/user/hive/warehouse/hive2.db
           NAME: hive2
     OWNER_NAME: root
     OWNER_TYPE: USER
***************************4. row ***************************
          DB_ID: 8
           DESC: NULL
DB_LOCATION_URI: hdfs://192.168.6.131:9000/db_hive3
           NAME: hive3
     OWNER_NAME: root
     OWNER_TYPE: USER
4 rows in set (0.00 sec)
```

(二)展示数据库

下面是官网列出的语法:

```
SHOW (DATABASES|SCHEMAS) [LIKE '  identifier_with_wildcards'  ];
```

可以选择在 LIKE 后面加上一个带通配符的字符串,以便过滤出符合特定模式的数据库或模式。其中,通配符“%”代表匹配任意字符,而“_”代表匹配单个字符。当运行这个 SQL 语句时,系统会返回所有符合条件的数据库或模式的列表。

示例代码如下：

```
hive> show databases;
OK
default
hive1
hive2
hive3
Time taken: 0.047 seconds, Fetched: 4 row(s)
hive> show databases like '  hive1'  ;
OK
hive1
Time taken: 0.035 seconds, Fetched: 1 row(s)
hive> show databases like '  hive* '  ;
OK
hive1
hive2
hive3
Time taken: 0.037 seconds, Fetched: 3 row(s)
```

(三)查询数据库信息

下面是官网列出的语法：

```
DESCRIBE DATABASE [EXTENDED] db_name;
```

其中,describe 可简写为 desc。[EXTENDED]是可选项,如果添加了这个选项,系统会返回更多关于数据库的信息。db_name 是要查询的数据库的名称。

例如,使用如下命令来查看刚才创建的数据库 hive1、hive2、hive3 的相关信息：

```
hive> desc database hive1;
OK
db_name comment location owner_name owner_type parameters
hive1 hdfs://192.168.6.131:9000/user/hive/warehouse/hive1.db rootUSER
Time taken: 0.074 seconds, Fetched: 1 row(s)

hive>  desc database hive2;
OK
db_name comment location owner_name owner_type parameters
hive2 this is hadoop databasehdfs://192. 168. 6. 131: 9000/user/hive/warehouse/
hive2.dbrootUSER
Time taken: 0.054 seconds, Fetched: 1 row(s)

hive>  desc database hive3;
OK
db_name comment location owner_name owner_type parameters
hive3 hdfs://192.168.6.131:9000/db_hive3 root USER
Time taken: 0.028 seconds, Fetched: 1 row(s)

hive>  desc database extended  hive2;
```

```
OK
db_name comment location owner_name owner_type parameters
hive2 this is hadoop databasehdfs://192. 168. 6. 131: 9000/user/hive/warehouse/
hive2.dbrootUSER{date=2021-07-30, creator=hadoop}
Time taken: 0.022 seconds, Fetched: 1 row(s)
```

（四）删除数据库

下面是官网列出的语法：

```
DROP (DATABASE |SCHEMA) [IF EXISTS] database_name [RESTRICT |CASCADE];
```

上述代码中参数项的说明如下：

- RESTRICT：默认是 restrict，如果该数据库还有表存在则报错。
- CASCADE：级联删除数据库（当数据库还有表时，级联删除表后再删除数据库，生产环境中尽量不用）。

示例代码如下：

```
hive> drop database test;
OK
Time taken: 0.094 seconds
```

（五）修改数据库信息

下面是官网列出的语法：

```
ALTER (DATABASE |SCHEMA) database_name SET DBPROPERTIES (property_name=property_
value, ...);
```

具体来说，通过设置 DBPROPERTIES 可以指定要修改的属性名称和属性值，还可以设置多个属性。这些属性可以是任何可配置的属性，例如存储路径、压缩格式、权限等。

例如，可对数据库 hive2 进行如下修改：

```
hive> alter database hive2 set dbproperties ("update"="hadoop");
OK
Time taken: 0.094 seconds
hive> alter database hive2 set owner user hive;
OK
Time taken: 0.072 seconds
```

修改前：

```
hive>  desc database hive2;
OK
db_name comment location owner_name owner_type parameters
hive2this is hadoop databasehdfs://192. 168. 6. 131: 9000/user/hive/warehouse/
hive2.dbrootUSER
Time taken: 0.054 seconds, Fetched: 1 row(s)
```

修改后：

```
hive (default)> desc database extended  hive2;
OK
db_name comment location owner_name owner_type parameters
```

```
hive2this is hadoop databasehdfs://192. 168. 6. 131: 9000/user/hive/warehouse/
hive2.dbhiveUSER{date=2021-07-30, creator=hadoop, update=hadoop}
```

（六）切换数据库

切换数据库的语法为：

```
USE database_name;
```

例如，可以使用以下命令分别切换至 hive1 和 default 数据库：

```
hive> use hive1;
OK
Time taken: 0.044 seconds
hive> use default;
OK
Time taken: 0.047 seconds
```

二、基于表的 DDL 操作

扫一扫

HiveQL DDL(2)

（一）创建表

下面是官网列出的语法：

```
CREATE [TEMPORARY] [EXTERNAL] TABLE [IF NOT EXISTS] [db_name.]table_name
```

创建表的语法中一些可选的参数项如下：

1. 临时表（TEMPORARY）

Hive 从 0.14.0 开始提供创建临时表的功能，创建临时表只对当前会话有效，当会话退出后，表自动删除。创建临时表的语法为：

```
CREATE TEMPORARY TABLE ...
```

注意：

● 如果创建的临时表表名已存在，那么当前会话引用该表名时实际用的是临时表，只有删除或重命名临时表名才能使用原始表。

● 临时表限制：不支持分区字段和创建索引。

示例代码如下：

```
hive> use default;
OK
Time taken: 0.047 seconds
hive> CREATE TEMPORARY TABLE temporary_table (
    > id int,
    > name string);
OK
Time taken: 0.242 seconds
hive> show tables;
OK
temporary_table
Time taken: 0.044 seconds, Fetched: 1 row(s)
```

退出重新进入 Hive。

```
hive> use default;
OK
Time taken: 1.054 seconds
hive> show tables;
OK
Time taken: 0.559 seconds
```

2. 内部表和外部表(Managed and External Tables)

Hive 上有两种类型的表,一种是 Managed Table(默认的内部表),另一种是 External Table(外部表,加上 EXTERNAL 关键字)。它们的主要区别在于:当使用 drop 命令删除表时,内部表会同时删除存储在 HDFS 上的数据和存储在 MySQL 上的元数据,而外部表只会删除元数据。

以下面的代码为基础,演示一下内部表和外部表的创建与删除,以便更清楚地了解二者的差别:

```
hive> use default;
OK
Time taken: 1.054 seconds
hive> show tables;
OK
Time taken: 0.559 seconds
```

创建内部表和外部表,代码如下:

```
hive> create table managed_table(
    > id int,
    > name string
    > );
OK
Time taken: 0.677 seconds
hive> create external table external_table(
    > id int,
    > name string
    > );
OK
Time taken: 0.146 seconds
hive> show tables;
OK
external_table
managed_table
Time taken: 0.05 seconds, Fetched: 2 row(s)
```

在 HDFS 中查看:

```
[root@ localhost ~] $ hadoop fs-ls /user/hive/warehouse
Found 5 items
drwxrwxr-x   - root supergroup   0 2021-08-05 23:17 /user/hive/warehouse/external
_table
drwxrwxr-x   - root supergroup   0 2021-08-05 21:38 /user/hive/warehouse/hive1.db
```

```
drwxrwxr-x   - root supergroup    0 2021-08-05 21:40 /user/hive/warehouse/hive2.db
drwxrwxr-x   - root supergroup    0 2021-08-05 23:16 /user/hive/warehouse/managed
table
drwxrwxr-x   - root supergroup    0 2021-08-05 18:45 /user/hive/warehouse/student
```

在 MySQL 中查看：

```
mysql> select*frommetastore.TBLS \G;
***************************1. row ***************************
          TBL_ID: 2
     CREATE_TIME: 1628160310
           DB_ID: 1
 LAST_ACCESS_TIME: 0
           OWNER: root
       RETENTION: 0
           SD_ID: 2
        TBL_NAME: student
       TBL_TYPE: MANAGED_TABLE
VIEW_EXPANDED_TEXT: NULL
VIEW_ORIGINAL_TEXT: NULL
***************************2. row ***************************
          TBL_ID: 6
     CREATE_TIME: 1628176609
           DB_ID: 1
 LAST_ACCESS_TIME: 0
           OWNER: root
       RETENTION: 0
           SD_ID: 6
        TBL_NAME: managed_table
        TBL_TYPE: MANAGED_TABLE
VIEW_EXPANDED_TEXT: NULL
VIEW_ORIGINAL_TEXT: NULL
***************************3. row ***************************
          TBL_ID: 7
     CREATE_TIME: 1628176639
           DB_ID: 1
 LAST_ACCESS_TIME: 0
           OWNER: root
       RETENTION: 0
           SD_ID: 7
        TBL_NAME: external_table
        TBL_TYPE: EXTERNAL_TABLE
VIEW_EXPANDED_TEXT: NULL
VIEW_ORIGINAL_TEXT: NULL
3 rows in set (0.00 sec)
```

删除内部表和外部表,代码如下:

```
hive> drop table managed_table;
OK
Time taken: 1.143 seconds
hive> drop table external_table;
OK
Time taken: 0.265 seconds
```

再次查看:

```
[hadoop@ hadoop000 ~] $ hadoop fs-ls /user/hive/warehouse
Found 4 items
drwxrwxr-x   - root supergroup   0 2021-08-05 23:17 /user/hive/warehouse/external_table
drwxrwxr-x   - root supergroup 0 2021-08-05 21:38 /user/hive/warehouse/hive1.db
drwxrwxr-x   - root supergroup 0 2021-08-05 21:40 /user/hive/warehouse/hive2.db
drwxrwxr-x   - root supergroup 0 2021-08-05 18:45 /user/hive/warehouse/student
```

在 MySQL 中查看:

```
mysql> select *frommetastore.TBLS \G;
***************************1. row ***************************
           TBL_ID: 2
      CREATE_TIME: 1628160310
            DB_ID: 1
  LAST_ACCESS_TIME: 0
            OWNER: root
        RETENTION: 0
            SD_ID: 2
         TBL_NAME: student
         TBL_TYPE: MANAGED_TABLE
VIEW_EXPANDED_TEXT: NULL
VIEW_ORIGINAL_TEXT: NULL
1 row in set (0.02 sec)
ERROR:
No query specified
```

3. 其他建表参数项

(1)COMMENT。COMMENT 是注释的作用,可以给字段和表加注释。

(2)ROW FORMAT。ROW FORMAT 是 Hive 中用于指定表中数据的行格式和序列化方式的关键字。例如 DELIMITED FIELDS TERMINATED BY ',' 表示使用逗号作为字段分隔符,LINES TERMINATED BY '\n' 表示使用换行符作为行分隔符。

官网对于 ROW FORMAT 的描述如下:

```
: DELIMITED
[FIELDS TERMINATED BY char [ESCAPED BY char]] [COLLECTION ITEMS TERMINATED BY char]
[MAP KEYS TERMINATED BY char]
[LINES TERMINATED BY char]
```

```
[NULL DEFINED AS char]
-- (Note: Available in Hive 0.13 and later)
  | SERDE serde_name [WITH SERDEPROPERTIES (property_name = property_value,
property_name=property_value, ...)]
```

官网的解释为：用户在建表的时候可以自定义 SerDe 或者使用自带的 SerDe。如果没有指定 ROW FORMAT 或者 ROW FORMAT DELIMITED，将会使用自带的 SerDe。在建表时，用户还需要为表指定列，用户在指定表的列的同时也会指定自定义的 SerDe，Hive 通过 SerDe 确定表的具体的列数据。

ROW FORMAT 的描述说明如下：

- DELIMITED：分隔符（可以自定义分隔符）。
- FIELDS TERMINATED BY char：每个字段之间使用的分隔符。

例如：-FIELDS TERMINATED BY '\n' 字段之间的分隔符为\n。

- COLLECTION ITEMS TERMINATED BY char：集合中元素与元素之间使用的分隔符（collection 单例集合的跟接口）。
- MAP KEYS TERMINATED BY char：字段是 K-V 形式指定的分隔符。
- LINES TERMINATED BY char：每条数据之间由换行符分隔（默认[\n]）。一般情况下 LINES TERMINATED BY char 使用默认的换行符\n，只需要指定 FIELDS TERMINATED BY char。

例如，创建一个 hive-test 表，代码如下：

```
hive> CREATE TABLE hive_test
    > (id int comment ' this is id' , name string comment ' this is name' )
    > comment ' this is hive_test'
    > ROW FORMAT DELIMITED
> FIELDS TERMINATED BY ' \t' ;
OK
Time taken: 0.174 seconds
```

为了方便后面的测试，可以创建一张 emp 表并导入一些数据，具体代码如下：

```
hive> create table emp
    > (empno int, ename string, job string, mgr int, hiredate string, salary double,
comm double, deptno int)
    > ROW FORMAT DELIMITED
    > FIELDS TERMINATED BY ' \t' ;
OK
Time taken: 0.651 seconds
hive> LOAD DATA LOCAL INPATH ' /opt/module/datas/emp.txt' OVERWRITE INTO TABLE emp;
Loading data to table default.emp
Table default.emp stats: [numFiles=1, numRows=0, totalSize=886, rawDataSize=0]
OK
Time taken: 1.848 seconds
```

4. Create Table As Select (CTAS)

创建一个新表 emp2。在复制表结构及数据过程中会发现，执行过程中会以 MapReduce 作业方式来运行：

```
#复制整张表
hive> create table emp2 as select*from emp;
Query ID =root_20210806000019_e93e2271-75d8-4c6b-bfd0-641ed3e38141
Total jobs = 3
...
OK
Time taken: 4.413 seconds
hive> select *  from emp2;
OK
7369    SMITH    CLERK       7902   1980-12-17   800.0    NULL     20
7499    ALLEN    SALESMAN    7698   1981-2-20    1600.0   300.0    30
7521    WARD     SALESMAN    7698   1981-2-22    1250.0   500.0    30
7566    JONES    MANAGER     7839   1981-4-2     2975.0   NULL     20
7654    MARTIN   SALESMAN    7698   1981-9-28    1250.0   1400.0   30
7698    BLAKE    MANAGER     7839   1981-5-1     2850.0   NULL     30
7782    CLARK    MANAGER     7839   1981-6-9     2450.0   NULL     10
7788    SCOTT    ANALYST     7566   1987-4-19    3000.0   NULL     20
7839    KING     PRESIDENT   NULL   1981-11-17   5000.0   NULL     10
7844    TURNER   SALESMAN    7698   1981-9-8     1500.0   0.0      30
7876    ADAMS    CLERK       7788   1987-5-23    1100.0   NULL     20
7900    JAMES    CLERK       7698   1981-12-3    950.0    NULL     30
7902    FORD     ANALYST     7566   1981-12-3    3000.0   NULL     20
7934    MILLER   CLERK       7782   1982-1-23    1300.0   NULL     10
Time taken: 0.138 seconds, Fetched: 14 row(s)
```

复制表中的一些字段：

```
hive> create table emp3 as select empno,ename from emp;
Query ID = root_20210806000240_c3a5410e-19bf-4ced-bc97-ed0b001f1dc6
Total jobs = 3
...
OK
Time taken: 2.012 seconds
hive> select *  from emp3;
OK
7369    SMITH
7499    ALLEN
7521    WARD
7566    JONES
7654    MARTIN
7698    BLAKE
7782    CLARK
7788    SCOTT
7839    KING
7844    TURNER
```

```
7876    ADAMS
7900    JAMES
7902    FORD
7934    MILLER
Time taken: 0.099 seconds, Fetched: 14 row(s)
```

5. Create Table Like

Create Table Like 语句用于创建一个新表,其结构与现有表相同,但不包含现有表的数据。示例代码如下:

```
# Create Table Like 只复制表结构
hive> create table emp_like like emp;
OK
Time taken: 0.195 seconds
hive> select *  from emp_like;
OK
Time taken: 0.131 seconds
```

(二)展示表

下面是官网列出的语法:

```
SHOW TABLES [IN database_name] ['identifier_with_wildcards'];
SHOW CREATE TABLE ([db_name.]table_name |view_name);
```

其中,第一条语句用于显示指定数据库中所有表名,可以使用通配符来过滤表名。第二条语句用于显示指定表或视图的创建语句。

示例代码如下:

```
hive> show tables;
OK
emp
emp2
emp3
emp_like
hive_test
Time taken: 0.042 seconds, Fetched: 5 row(s)
hive> show tables 'emp*';
OK
emp
emp2
emp3
emp_like
Time taken: 0.053 seconds, Fetched: 4 row(s)
hive> show create table emp;
OK
CREATE TABLE 'emp' (
  'empno' int,
  'ename' string,
  'job' string,
```

```
  'mgr' int,
  'hiredate' string,
  'salary' double,
  'comm' double,
  'deptno' int)
ROW FORMAT DELIMITED
  FIELDS TERMINATED BY '\t'
STORED AS INPUTFORMAT
  'org.apache.hadoop.mapred.TextInputFormat'
OUTPUTFORMAT
  'org.apache.hadoop.hive.ql.io.HiveIgnoreKeyTextOutputFormat'
LOCATION
  'hdfs://192.168.6.131:9000/user/hive/warehouse/emp'
TBLPROPERTIES (
  'COLUMN_STATS_ACCURATE'='true',
  'numFiles'='1',
  'numRows'='0',
  'rawDataSize'='0',
  'totalSize'='657',
  'transient_lastDdlTime'='1529140756')
Time taken: 0.245 seconds, Fetched: 24 row(s)
```

(三)查询表信息

下面是官网列出的语法：

```
DESCRIBE [EXTENDED|FORMATTED]
table_name[.col_name ([.field_name]|[.'$elem$']|[.'$key$']|[.'$value$'])*];
```

DESCRIBE 是用于显示指定表或列的元数据信息的 SQL 语句,可以使用参数.col_name 和.field_name 来指定要显示的列和字段。可选的 EXTENDED|FORMATTED 参数可以指定显示的详细程度。

比较常用的命令是 desc formatted table_name,示例代码如下：

```
hive> desc emp;
OK
col_namedata_typecomment
empno                           int
ename                           string
job                             string
mgr                             int
hiredate                        string
salary                          double
comm                            double
deptno                          int
Time taken: 0.174 seconds, Fetched: 8 row(s)

hive> desc formatted emp;
```

```
OK
# col_name                  data_type                  comment

empno                       int
ename                       string
job                         string
mgr                         int
hiredate                    string
salary                      double
comm                        double
deptno                      int

# Detailed Table Information
Database:                   default
Owner:                      hadoop
CreateTime:                 Sat Jun 16 17:13:05 CST 2018
LastAccessTime:             UNKNOWN
Protect Mode:               None
Retention:                  0
Location:                   hdfs://192.168.6.217:9000/user/hive/warehouse/emp
Table Type:                 MANAGED_TABLE
Table Parameters:
       COLUMN_STATS_ACCURATE  true
       numFiles               1
       numRows                0
       rawDataSize            0
       totalSize              657
       transient_lastDdlTime 1529140756
# Storage Information
SerDe Library:          org.apache.hadoop.hive.serde2.lazy.LazySimpleSerDe
InputFormat:            org.apache.hadoop.mapred.TextInputFormat
OutputFormat:         org.apache.hadoop.hive.ql.io.HiveIgnoreKeyTextOutputFormat
Compressed:           No
Num Buckets:          -1
Bucket Columns:       []
Sort Columns:         []
Storage Desc Params:
       field.delim            \t
       serialization.format   \t
Time taken: 0.214 seconds, Fetched: 39 row(s)

hive> desc EXTENDED emp;
OK
empno                        int
ename                        string
```

```
job                    string
mgr                    int
hiredate               string
salary                 double
comm                   double
deptno                 int

Detailed Table Information Table(tableName:emp, dbName:default, owner:hadoop, createTime:1529140385, lastAccessTime:0, retention:0, sd:StorageDescriptor(cols:[FieldSchema(name:empno, type:int, comment:null), FieldSchema(name:ename, type:string,comment:null),FieldSchema(name:job,type:string,comment:null),FieldSchema(name:mgr,type:int,comment:null),FieldSchema(name:hiredate,type:string,comment:null),FieldSchema(name:salary,type:double,comment:null),FieldSchema(name:comm,type:double,comment:null),FieldSchema(name:deptno,type:int,comment:null)], location:hdfs://192.168.6.217:9000/user/hive/warehouse/emp, inputFormat:org.apache.hadoop.mapred.TextInputFormat,outputFormat:org.apache.hadoop.hive.ql.io.HiveIgnoreKeyTextOutputFormat,compressed:false,numBuckets:-1,serdeInfo:SerDeInfo(name:null,serializationLib:org.apache.hadoop.hive.serde2.lazy.LazySimpleSerDe,parameters:{serialization.format=,field.delim=Time taken:0.21 seconds,Fetched: 10 row(s)
```

(四)修改表

下面是官网列出的语法:

```
ALTER TABLE table_name RENAME TO new_table_name;
ALTER TABLE table_name SET TBLPROPERTIES table_properties;
table_properties:
  : (property_name = property_value, property_name = property_value, ... )
ALTER TABLE table_name SET TBLPROPERTIES ('comment' = new_comment);
```

以上语法的重点参数项解释如下:

- ALTER TABLE:SQL 中的关键字,用于修改数据库中的表结构。
- table_name:要进行重命名的表的当前名称。
- RENAME TO:也是关键字,明确表示将表重命名为新的名称。
- new_table_name:表的新名称。

示例代码如下:

```
hive> alter table hive_test rename to new_hive_test;
OK
Time taken: 0.262 seconds
hive> alter table new_hive_test SET TBLPROPERTIES ("creator"="hadoop", "date"="2021-07-31");
OK
Time taken: 0.246 seconds
hive> alter table new_hive_test SET TBLPROPERTIES ('comment' = 'This is new_hive_test Table');
```

上述示例代码中,对 new_hive_test 进行了修改,修改了 creator、date 等信息。

再次查看表:

```
hive> desc formatted new_hive_test;
OK
# col_name              data_type               comment
id                      int                     this is id
name                    string                  this is name
# Detailed Table Information
Database:               default
Owner:                  hadoop
CreateTime:             Sat Jun 16 17:09:19 CST 2018
LastAccessTime:         UNKNOWN
Protect Mode:           None
Retention:              0
Location:               hdfs://192.168.6.217:9000/user/hive/warehouse/new_hive_test
Table Type:             MANAGED_TABLE
Table Parameters:
        COLUMN_STATS_ACCURATE   false
        comment                 This is new_hive_test Table
        creator                 ruoze
        date                    2018-06-16
        last_modified_by        hadoop
        last_modified_time      1529143021
        numFiles                0
       numRows                  -1
        rawDataSize             -1
        totalSize               0
        transient_lastDdlTime   1529143021

# Storage Information
SerDe Library:          org.apache.hadoop.hive.serde2.lazy.LazySimpleSerDe
InputFormat:            org.apache.hadoop.mapred.TextInputFormat
OutputFormat:           org.apache.hadoop.hive.ql.io.HiveIgnoreKeyTextOutputFormat
Compressed:             No
Num Buckets:            -1
Bucket Columns:         []
Sort Columns:           []
Storage Desc Params:
        field.delim             \t
        serialization.format    \t
Time taken: 0.188 seconds, Fetched: 38 row(s)
```

(五)截断表

下面是官网列出的语法:

```
TRUNCATE TABLE table_name [PARTITION partition_spec];
partition_spec:
  : (partition_column = partition_col_value, partition_column = partition_col_
value, ...)
```

TRUNCATE 操作用于删除指定表中的所有数据，但保留表的结构。

注意：TRUNCATE 不能操作外部表，因为外部表里的数据并不是存放在 Hive Meta store 中。创建表的时候指定了 EXTERNAL，外部表在删除分区后，hdfs 中的数据还存在，不会被删除。因此要想删除外部表数据，可以把外部表转成内部表或者删除 hdfs 文件。

截断表的示例代码如下：

```
hive> select *  from emp3;
OK
7369    SMITH
7499    ALLEN
7521    WARD
7566    JONES
7654    MARTIN
7698    BLAKE
7782    CLARK
7788    SCOTT
7839    KING
7844    TURNER
7876    ADAMS
7900    JAMES
7902    FORD
7934    MILLER
Time taken: 0.148 seconds, Fetched: 14 row(s)
hive> truncate table emp3;
OK
Time taken: 0.241 seconds
hive> select *  from emp3;
OK
Time taken: 0.12 seconds
```

（六）删除表

下面是官网列出的语法：

```
DROP TABLE [IF EXISTS] table_name [PURGE];
```

删除表时的相关注意事项如下：

（1）指定 PURGE 后，数据不会放到回收箱，而是直接删除。

（2）DROP TABLE 会删除此表的元数据和数据。如果配置了垃圾箱（且未指定 PURGE），则实际将数据移至 Trash / Current 目录，元数据完全丢失。

（3）删除外部表时，表中的数据不会从文件系统中删除。

删除表的示例代码如下：

```
hive> drop table emp3;
OK
Time taken: 0.866 seconds
hive> show tables;
OK
emp
```

```
emp2
emp_like
new_hive_test
Time taken: 0.036 seconds, Fetched: 4 row(s)
```

(七)修改分区

HiveQL DDL(3)

假设有海量的数据保存在 HDFS 某一个 Hive 表对应的目录下,使用 Hive 进行操作时,往往会搜索这个目录下的所有文件,这会非常耗时。如果知道这些数据的某些特征,可以事先对它们进行分裂,再把数据 load 到 HDFS 上时,它们就会被放到不同的目录下,然后使用 Hive 进行操作时,就可以在 where 子句中对这些特征进行过滤。这样对数据的操作就只会在符合条件的子目录下进行,其他不符合条件的目录下的内容就不会被读取,在数据量非常大的时候,可以节省大量的时间。这种把表中的数据分散到子目录下的方式就是分区表。

1. 添加分区

添加分区的官方语法如下:

```
ALTER TABLE table_name ADD [IF NOT EXISTS] PARTITION partition_spec [LOCATION 'location'][,PARTITION partition_spec [LOCATION 'location'], ...];
partition_spec:
: (partition_column = partition_col_value, partition_column = partition_col_value,...)
```

其中,table_name 是目标表的名称,partition_spec 是一个由分区键和分区值组成的列表,例如(year=2023, month=9)。用户可以通过逗号分隔多个分区规格来一次性添加多个分区。LOCATION 子句是可选的,用于指定新分区的存储位置。如果用户想要在添加分区时忽略已存在的分区,可以使用 IF NOT EXISTS 子句。当分区名是字符串时需要加引号。

注意:添加分区时可能出现"FAILED: SemanticException table is not partitioned but partition spec exists"错误。原因是在创建表时并没有添加分区,需要在创建表时创建分区,再添加分区。

我们来看一下简单的示例。

首先,创建 dept 表,代码如下:

```
hive> create table dept(
    > deptno int,
    > dname string,
    > loc string
    > )
    > PARTITIONED BY (dt string)
    > ROW FORMAT DELIMITED FIELDS TERMINATED BY "\t";
OK
Time taken: 0.953 seconds
```

加载数据:

```
hive> load data local inpath '/opt/module/datas/dept.txt' into table dept partition (dt='2018-08-08');
Loading data to table default.dept partition (dt=2018-08-08)
```

```
Partition default.dept{dt=2018-08-08} stats: [numFiles=1,numRows=0,totalSize=126,rawDataSize=0]
OK
Time taken:3.918 seconds
```

查询结果：

```
hive> select *  from dept;
OK
10      ACCOUNTING      NEW YORK        2018-08-08
20      RESEARCH        DALLAS          2018-08-08
30      SALES           CHICAGO         2018-08-08
40      OPERATIONS      BOSTON          2018-08-08
Time taken: 0.481 seconds, Fetched: 4 row(s)
```

添加分区：

```
hive> ALTER TABLE dept ADD PARTITION (dt='2018-09-09');
OK
```

2. 分区查询的语句

```
hive> select*from dept where dt='  2018-08-08'  ;
OK
10      ACCOUNTING      NEW YORK        2018-08-08
20      RESEARCH        DALLAS  2018-08-08
30      SALES   CHICAGO 2018-08-08
40      OPERATIONS      BOSTON  2018-08-08
Time taken: 2.323 seconds, Fetched: 4 row(s)
```

3. 查看分区语句

```
hive> show partitions dept;
OK
dt=2018-08-08
dt=2018-09-09
Time taken: 0.385 seconds, Fetched: 2 row(s)
```

4. 删除分区(drop partitions)

下面是官方语法：

```
ALTER TABLE table_name DROP [IF EXISTS] PARTITION partition_spec[, PARTITION partition_spec, ...]
```

其中,table_name、partition_spec 和添加分区的用法相同。同样,用户可以通过逗号分隔多个分区规格来一次性删除多个分区。如果用户想要在删除分区时忽略不存在的分区,可以使用 IF EXISTS 子句。

示例如下：

```
hive> ALTER TABLE dept DROP PARTITION (dt='  2018-09-09'  );
```

任务小结

本任务详细介绍了 Hive 基于数据库和表的 DDL 语法,包括数据库的创建、展示、查询、删除、修改、切换方法,以及表的创建、展示、查询、修改、截断、删除、修改分区方法,希望读者学完本任务后,能熟练地进行 DDL 操作。

任务三 解析 HiveQL DML

任务描述

本任务介绍 Hive 的常用 DML 语言,DML 是数据操控语言,主要用来对数据库的数据进行一些操作,常用的就是 INSERT、UPDATE、DELETE 等,读者学习完本任务后,需要掌握从 Hive 中加载、插入、导出、查询数据等操作。

任务目标

掌握 Hive 中数据加载、插入、导出以及查询的方法。

任务实施

HiveQL DML 主要是针对表的增删改查,和标准 SQL 类似,其中最常用的是查询语句,即 SELECT 相关语句。

一、加载数据

扫一扫

Hive DML(1)

下面是官网上列出的语法:

```
LOAD DATA [LOCAL] INPATH ' filepath' [OVERWRITE] INTO TABLE tablename
[PARTITION (partcol1=val1, partcol2=val2 ...)]
```

加载数据到表中时,Hive 不做任何转换。加载操作只是将数据进行复制或移动操作,即移动数据文件到 Hive 表相应的位置。

加载的目标可以是一个表,也可以是一个分区。如果表是分区的,则必须通过指定所有分区列的值来指定一个表的分区。

filepath 可以是一个文件,也可以是一个目录。不管什么情况下,filepath 都被认为是一个文件集合。

我们来看一下语法中的相关参数项。

- LOCAL:表示输入文件在本地文件系统(Linux),如果没有加 LOCAL,Hive 则会去 HDFS 上查找该文件。
- OVERWRITE:表示如果表中有数据,则先删除数据,再插入新数据,如果没有这个关键词,则直接附加数据到表中。
- PARTITION:如果表中存在分区,可以按照分区进行导入。

(1)使用之前创建的员工表 emp 查询表中的数据,代码如下:

```
hive (default)> select*from emp;
OK
emp.empno  emp.ename  emp.job   emp.mgr emp.hiredate emp.salary emp.comm emp.deptno
7369       SMITH      CLERK     7902    1980-12-17   800.0      NULL     20
7499       ALLEN      SALESMAN  7698    1981-2-20    1600.0     300.0    30
7521       WARD       SALESMAN  7698    1981-2-22    1250.0     500.0    30
7566       JONES      MANAGER   7839    1981-4-22    975.0      NULL     20
7654       MARTIN     SALESMAN  7698    1981-9-28    1250.0     1400.0   30
7698       BLAKE      MANAGER   7839    1981-5-12    850.0      NULL     30
7782       CLARK      MANAGER   7839    1981-6-92    450.0      NULL     10
7788       SCOTT      ANALYST   7566    1987-4-19    3000.0     NULL     20
7839       KING       PRESIDENTNULL     1981-11-17   5000.0     NULL     10
7844       TURNER     SALESMAN  7698    1981-9-8     1500.0     0.0      30
7876       ADAMS      CLERK     7788    1987-5-23    1100.0     NULL     20
7900       JAMES      CLERK     7698    1981-12-3    950.0      NULL     30
7902       FORD       ANALYST   7566    1981-12-3    3000.0     NULL     20
7934       MILLER     CLERK     7782    1982-1-23    1300.0     NULL     10
Time taken: 0.15 seconds, Fetched: 14 row(s)
```

此时可以看到目前表里有 14 条数据。

(2)把本地文件系统中的 emp. txt 文件导入 emp 表,使用 OVERWRITE 关键字,代码如下:

```
hive>LOAD DATA LOCAL INPATH '  /opt/module/datas/emp.txt'   OVERWRITE INTO TABLE emp;
Loading data to table default.emp
Table default.emp stats: [numFiles=1, numRows=0, totalSize=695, rawDataSize=0]
OK
Time taken: 0.925 seconds
hive> select *  from emp;
OK
7369    SMITH     CLERK       7902    1980/12/17   800.0    NULL     20
7499    ALLEN     SALESMAN    7698    1981/2/20    1600.0   300.0    30
7521    WARD      SALESMAN    7698    1981/2/22    1250.0   500.0    30
7566    JONES     MANAGER     7839    1981/4/2     2975.0   NULL     20
7654    MARTIN    SALESMAN    7698    1981/9/28    1250.0   1400.0   30
7698    BLAKE     MANAGER     7839    1981/5/1     2850.0   NULL     30
7782    CLARK     MANAGER     7839    1981/6/9     2450.0   NULL     10
7788    SCOTT     ANALYST     7566    1987/4/19    3000.0   NULL     20
7839    KING      PRESIDENT   NULL    1981/11/17   5000.0   NULL     10
7844    TURNER    SALESMAN    7698    1981/9/8     1500.0   0.0      30
7876    ADAMS     CLERK       7788    1987/5/23    1100.0   NULL     20
7900    JAMES     CLERK       7698    1981/12/3    950.0    NULL     30
7902    FORD      ANALYST     7566    1981/12/3    3000.0   NULL     20
7934    MILLER    CLERK       7782    1982/1/23    1300.0   NULL     10
Time taken: 0.938 seconds, Fetched: 14 row(s)
```

现在 emp 表中还是只有 14 条数据。这是因为插入的数据和原有表中的数据相同,且使用了 OVERWRITE 关键字,因此直接覆盖了原有数据。

(3)接下来再执行一次导入操作,但是不使用 OVERWRITE 关键字。

```
hive>LOAD DATA LOCAL INPATH '/opt/module/datas/emp.txt' INTO TABLE emp;
Loading data to table default.emp
Table default.emp stats: [numFiles=2, numRows=0, totalSize=1390, rawDataSize=0]
OK
Time taken: 0.367 seconds
hive> select*from emp;
OK
7369    SMITH     CLERK       7902    1980-12-17    800.0     NULL     20
7499    ALLEN     SALESMAN    7698    1981-2-20     1600.0    300.0    30
7521    WARD      SALESMAN    7698    1981-2-22     1250.0    500.0    30
7566    JONES     MANAGER     7839    1981-4-22     975.0     NULL     20
7654    MARTIN    SALESMAN    7698    1981-9-28     1250.0    1400.0   30
7698    BLAKE     MANAGER     7839    1981-5-1      2850.0    NULL     30
7782    CLARK     MANAGER     7839    1981-6-9      2450.0    NULL     10
7788    SCOTT     ANALYST     7566    1987-4-19     3000.0    NULL     20
7839    KING      PRESIDENT   NULL    1981-11-17    5000.0    NULL     10
7844    TURNER    SALESMAN    7698    1981-9-8      1500.0    0.0      30
7876    ADAMS     CLERK       7788    1987-5-23     1100.0    NULL     20
7900    JAMES     CLERK       7698    1981-12-3     950.0     NULL     30
7902    FORD      ANALYST     7566    1981-12-3     3000.0    NULL     20
7934    MILLER    CLERK       7782    1982-1-23     1300.0    NULL     10
7369    SMITH     CLERK       7902    1980-12-17    800.0     NULL     20
7499    ALLEN     SALESMAN    7698    1981-2-20     1600.0    300.0    30
7521    WARD      SALESMAN    7698    1981-2-22     1250.0    500.0    30
7566    JONES     MANAGER     7839    1981-4-2      2975.0    NULL     20
7654    MARTIN    SALESMAN    7698    1981-9-28     1250.0    1400.0   30
7698    BLAKE     MANAGER     7839    1981-5-1      2850.0    NULL     30
7782    CLARK     MANAGER     7839    1981-6-9      2450.0    NULL     10
7788    SCOTT     ANALYST     7566    1987-4-19     3000.0    NULL     20
7839    KING      PRESIDENT   NULL    1981-11-17    5000.0    NULL     10
7844    TURNER    SALESMAN    7698    1981-9-8      1500.0    0.0      30
7876    ADAMS     CLERK       7788    1987-5-23     1100.0    NULL     20
7900    JAMES     CLERK       7698    1981-12-3     950.0     NULL     30
7902    FORD      ANALYST     7566    1981-12-3     3000.0    NULL     20
7934    MILLER    CLERK       7782    1982-1-23     1300.0    NULL     10
Time taken: 0.259 seconds, Fetched: 28 row(s)
```

可以看到查询出 28 条数据。这就是是否使用 OVERWRITE 关键字的区别,使用 OVERWRITE 后,后导入的数据会覆盖前面的数据,不使用 OVERWRITE 则会重复导入数据。

(4)使用分区加载数据(PARTITION)。使用之前创建的 dept 部门表。再次导入 dept. txt 文件,但是这次添加新的分区 dt=2018-09-09,运行命令成功后,再次使用 select 命令来查看数据,具体代码如下:

```
hive > load data local inpath '/opt/module/datas/dept. txt ' into table dept
partition (dt='2018-09-09');
Loading data to table default.dept partition (dt=2018-09-09)
Partition default.dept{dt=2018-09-09} stats: [numFiles=1, totalSize=126]
OK
Time taken: 0.549 seconds
hive> select*from dept;
OK
10    ACCOUNTING     NEW YORK     2018-08-08
20    RESEARCH       DALLAS       2018-08-08
30    SALES          CHICAGO      2018-08-08
40    OPERATIONS     BOSTON       2018-08-08
10    ACCOUNTING     NEW YORK     2018-09-09
20    RESEARCH       DALLAS       2018-09-09
30    SALES          CHICAGO      2018-09-09
40    OPERATIONS     BOSTON       2018-09-09
Time taken: 0.154 seconds, Fetched: 8 row(s)
```

扫一扫

Hive DML(2)

可以看出,现在表中有两个分区,两份数据,这就是分区导入的结果。

二、插入数据

下面是官网给出的语法:

```
Standard syntax:
INSERT OVERWRITE TABLE tablename1 [PARTITION (partcol1=val1, partcol2=
val2 ...) [IF NOT EXISTS]] select_statement1 FROM from_statement;
INSERT INTO TABLE tablename1 [PARTITION (partcol1=val1, partcol2=val2
...)] select_statement1 FROM from_statement;
Hive extension (multiple inserts):
FROM from_statement
INSERT OVERWRITE TABLE tablename1 [PARTITION (partcol1=val1, partcol2=
val2 ...) [IF NOT EXISTS]] select_statement1
[INSERT OVERWRITE TABLE tablename2 [PARTITION ... [IF NOT EXISTS]] select_
statement2]
[INSERT INTO TABLE tablename2 [PARTITION ...] select_statement2] ...;
```

对上面的语法分析如下:

- 标准语法(Standard syntax):INSERT OVERWRITE TABLE tablename1 select_statement1 FROM from_statement; 其实就是一个简单的插入语句。
- 可以使用 PARTITION 关键字,进行分区插入。
- OVERWRITE 是否选择覆盖。
- 使用插入语法会启动 MapReduce 作业。
- multiple inserts:代表多行插入。

注意:这里有两种插入语法,也就是是否加上 OVERWRITE 关键字的区别。

可以通过以下代码向 emp1 表中插入 emp 表中的数据。

```
hive (default)> create table emp1 like emp;
OK
Time taken: 0.322 seconds
hive> insert overwrite table emp1 select*from emp;
Query ID = root_20210806160838_81dfd68c-73c1-4954-bb18-812949eba8ea
Total jobs = 3
Launching Job 1 out of 3
Number of reduce tasks is set to 0 since there's no reduce operator
Job running in-process (local Hadoop)
2021-08-06 16:08:40,962 Stage-1 map=100%,reduce = 0%
Ended Job = job_local879052328_0001
Stage-4 is selected by condition resolver.
Stage-3 is filtered out by condition resolver.
Stage-5 is filtered out by condition resolver.
Moving data to: hdfs://192. 168. 6. 131: 9000/user/hive/warehouse/emp1/. hive-staging_hive_2021-08-06_16-08-38_743_2144725008843059714-1/-ext-10000
Loading data to table default.emp1
Table default.emp1 stats: [numFiles=1, numRows=28, totalSize=1322, rawDataSize=1294]
MapReduce Jobs Launched:
Stage-Stage-1:HDFS Read: 4105 HDFS Write: 3160 SUCCESS
Total MapReduce CPU Time Spent: 0 msec
OK
emp.empnoemp.enameemp.jobemp.mgremp.hiredateemp.salaryemp.commemp.deptno
Time taken: 2.564 seconds
hive> select*from emp1;
OK
7369    SMITH   CLERK       7902   1980/12/17   800.0    NULL     20
7499    ALLEN   SALESMAN    7698   1981/2/20    1600.0   300.0    30
7521    WARD    SALESMAN    7698   1981/2/22    1250.0   500.0    30
7566    JONES   MANAGER     7839   1981/4/2     2975.0   NULL     20
7654    MARTIN  SALESMAN    7698   1981/9/28    1250.0   1400.0   30
7698    BLAKE   MANAGER     7839   1981/5/1     2850.0   NULL     30
7782    CLARK   MANAGER     7839   1981/6/9     2450.0   NULL     10
7788    SCOTT   ANALYST     7566   1987/4/19    3000.0   NULL     20
7839    KING    PRESIDENT   NULL   1981/11/17   5000.0   NULL     10
7844    TURNER  SALESMAN    7698   1981/9/8     1500.0   0.0      30
7876    ADAMS   CLERK       7788   1987/5/23    1100.0   NULL     20
7900    JAMES   CLERK       7698   1981/12/3    950.0    NULL     30
7902    FORD    ANALYST     7566   1981/12/3    3000.0   NULL     20
7934    MILLER  CLERK       7782   1982/1/23    1300.0   NULL     10
Time taken: 0.211 seconds, Fetched: 14 row(s)
```

接下来手动插入一条或多条记录到表中,该操作会启动 MapReduce 作业。

官方语法如下:

```
INSERT INTO TABLE tablename [PARTITION (partcol1[=val1], partcol2[=val2] ...)]
VALUES values_row [, values_row ...]
```

示例代码如下：

```
hive>create table stu(
    > id int,
    > name string
    > )
    > ROW FORMAT DELIMITED FIELDS TERMINATED BY '  \t'  ;
OK
Time taken: 0.405 seconds
hive> select *  from stu;
OK

hive> insert into table stu values(1,'  zhangsan'  ),(2,'  lisi'  );

hive> select *  from stu;
OK
1       zhangsan
2       lisi
```

本部分内容通过两个示例介绍了通过 select 批量导入记录和手动插入一条或多条记录这两种插入数据的方式，请读者注意两种方式的使用场景和注意事项。

三、数据导出

HiveQL 中的数据导出主要分为单条数据导出和多条数据导出。

1. 导出单条数据

官网给出的导出单条数据的标准语法如下：

```
INSERT OVERWRITE [LOCAL] DIRECTORY directory1
[ROW FORMAT row_format] [STORED AS file_format]
```

上述语法中的相关参数说明如下：

- LOCAL：加上 LOCAL 关键字代表导入本地文件系统，不加默认导入 HDFS。
- directory1：要覆盖的目录的路径。
- ROW FORMAT：用于指定行的格式。
- STORED AS file_format：用于指定文件存储的格式（如 TEXTFILE、ORC、PARQUET 等）。

示例代码如下：

```
hive> insert overwrite local directory '  /opt/module/datas/stu.txt'  ROW FORMAT
DELIMITED FIELDS TERMINATED BY '  \t'  select *  from stu;
```

HDFS 上查看结果：

```
[root@ localhost stu.txt] $ pwd
/opt/module/datas/stu.txt
```

```
[root@ localhost data] $ cat 000000_0
1       zhangsan
2       lisi
```

2. 导出多条数据

官网给出的导出多条数据的标准语法如下：

```
FROM from_statement
INSERT OVERWRITE [LOCAL] DIRECTORY directory1 select_statement1
[INSERT OVERWRITE [LOCAL] DIRECTORY directory2 select_statement2] ...
```

它允许在一个查询中执行多个 INSERT OVERWRITE 语句，从而将查询结果导出到多个目录中。

上述语法中的相关参数说明如下：

- from_statement 是指从哪个表或视图中选择数据。
- select_statement 是指要插入到目标表中的查询语句。
- directory1、directory2 等是指要输出到的目录路径。

需要注意的是，多重插入只适用于输出格式相同的情况。

导出多条数据的示例代码如下：

```
hive> from emp
    > INSERT OVERWRITE  LOCAL DIRECTORY '  /opt/module/datas/hivetmp1'
    > ROW FORMAT DELIMITED FIELDS TERMINATED BY "\t"
    > select empno, ename
    > INSERT OVERWRITE  LOCAL DIRECTORY '  /opt/module/datas/hivetmp2'
    > ROW FORMAT DELIMITED FIELDS TERMINATED BY "\t"
    > select ename;
```

上述示例的查询结果如下：

```
[root@ localhostdatas] $ pwd
/opt/module/datas
[root@ localhostdatas] $ cat hivetmp1/000000_0
7369    SMITH
7499    ALLEN
7521    WARD
7566    JONES
7654    MARTIN
7698    BLAKE
7782    CLARK
7788    SCOTT
7839    KING
7844    TURNER
7876    ADAMS
7900    JAMES
7902    FORD
7934    MILLER
```

```
[root@ localhostdatas] $ cat hivetmp2/000000_0
SMITH
ALLEN
WARD
JONES
MARTIN
BLAKE
CLARK
SCOTT
KING
TURNER
ADAMS
JAMES
FORD
MILLER
```

扫一扫

Hive DML(4)

四、查询操作

SELECT 是数据仓库中最常用的命令之一,可以帮助用户快速查询和处理大量的数据,并进行各种数据分析和报告生成。我们之前已经使用过一些简单的 SELECT 命令,现在对 SELECT 命令进行系统性的说明。

Hive 中 SELECT 命令的标准语法如下:

```
SELECT [DISTINCT] column1, column2, ...
FROM table_name
[WHERE condition]
[GROUP BY column1, column2, ...]
[HAVING condition]
[ORDER BY column1 [ASC |DESC], column2 [ASC |DESC], ...]
```

其中:

- SELECT 关键字:用于指定要查询的列。
- DISTINCT 关键字:可选,用于返回唯一的结果。
- FROM 关键字:后面跟着要查询的表名。
- WHERE 子句:可选,用于筛选满足特定条件的行。
- GROUP BY 子句:可选,用于按指定列对结果进行分组。
- HAVING 子句:可选,用于筛选分组后的结果。
- ORDER BY 子句:可选,用于对结果进行排序,默认是升序排列。

接下来通过一些例子来展示 SELECT 命令的用法。这些例子仍然用到之前多次使用过的 emp 表。

例 1:查询员工表中 deptno = 10 的员工。

```
hive> select *  from emp where deptno=10;
OK
7782    CLARK   MANAGER     7839    1981/6/9      2450.0   NULL    10
7839    KING    PRESIDENT   NULL    1981/11/17    5000.0   NULL    10
```

```
7934  MILLER  CLERK  7782  1982/1/23  1300.0  NULL    10
Time taken: 1.144 seconds, Fetched: 3 row(s)
```

其中,“ * ”表示查询所有列,where 子句用于指定查询条件,只返回部门编号为 10 的所有员工的记录。

例 2:查询员工编号小于等于 7800 的员工。

```
hive> select *  from emp where empno <= 7800;
OK
7369    SMITH    CLERK       7902     1980/12/17  800.0     NULL     20
7499    ALLEN    SALESMAN    7698     1981/2/20   1600.0    300.0    30
7521    WARD     SALESMAN    7698     1981/2/22   1250.0    500.0    30
7566    JONES    MANAGER     7839     1981/4/2    2975.0    NULL     20
7654    MARTIN   SALESMAN    7698     1981/9/28   1250.0    1400.0   30
7698    BLAKE    MANAGER     7839     1981/5/1    2850.0    NULL     30
7782    CLARK    MANAGER     7839     1981/6/9    2450.0    NULL     10
7788    SCOTT    ANALYST     7566     1987/4/19   3000.0    NULL     20
Time taken: 0.449 seconds, Fetched: 8 row(s)
```

其中,where 子句用于指定查询条件,只返回员工编号小于等于 7800 的记录。

例 3:查询员工工资额度大于 1 000 小于 1 500 的员工。

```
hive> select *  from emp where salary between 1000 and 1500;
OK
7521    WARD      SALESMAN    7698    1981/2/22    1250.0    500.0     30
7654    MARTIN    SALESMAN    7698    1981/9/28    1250.0    1400.0    30
7844    TURNER    SALESMAN    7698    1981/9/8     1500.0    0.0       30
7876    ADAMS     CLERK       7788    1987/5/23    1100.0    NULL      20
7934    MILLER    CLERK       7782    1982/1/23    1300.0    NULL      10
Time taken: 0.178 seconds, Fetched: 5 row(s)
```

其中,“WHERE”子句用于指定查询条件,只返回工资额度在 1 000 到 1 500 之间的所有记录。

例 4:查询前 5 条记录。

```
hive> select *  from emp limit 5;
OK
7369    SMITH    CLERK       7902    1980/12/17    800.0  NULL      20
7499    ALLEN    SALESMAN    7698    1981/2/20     1600.0 300.0     30
7521    WARD     SALESMAN    7698    1981/2/22     1250.0 500.0     30
7566    JONES    MANAGER     7839    1981/4/2      2975.0 NULL      20
7654    MARTIN   SALESMAN    7698    1981/9/28     1250.0 1400.0    30
Time taken: 0.47 seconds, Fetched: 5 row(s)
```

其中,limit 子句用于限制查询结果的数量,只返回前 5 条的记录。

例 5:查询编号为 7499 或 7566 的员工。

```
hive> select *  from emp where empno in(7566,7499);
OK
7499    ALLEN    SALESMAN     7698     1981/2/20    1600.0   300.0    30
7566    JONES    MANAGER      7839     1981/4/2     2975.0   NULL     20
Time taken: 0.4 seconds, Fetched: 2 row(s)
```

其中,where 子句使用了 IN 运算符,指定了查询条件,只返回员工编号为 7499 或 7566 的所有记录。

例 6:查询有津贴且不为空的员工。

```
hive> select *  from emp where comm is not null;
OK
7499    ALLEN    SALESMAN    7698    1981/2/20    1600.0    300.0     30
7521    WARD     SALESMAN    7698    1981/2/22    1250.0    500.0     30
7654    MARTIN   SALESMAN    7698    1981/9/28    1250.0    1400.0    30
7844    TURNER   SALESMAN    7698    1981/9/8     1500.0    0.0       30
Time taken: 0.262 seconds, Fetched: 4 row(s)
```

其中,where 子句用于指定查询条件,只返回津贴 comm 的值不为 null 的记录。

以上是 SELECT 命令的一些简单应用,在工作中还会遇到更加复杂的需求,读者需要注意通过官方文档或者帮助命令获取更多用法信息。

任务小结

本任务详细介绍了 Hive 常用的 DML 语法,包括数据的加载、插入、导出、查询方法,希望读者学完本任务后,能熟练地进行 DML 操作。

任务四　解析 Hive Shell 基本操作

任务描述

Hive 提供的几种用户交互接口中,最常用的就是命令行接口。本任务将介绍 Hive 交互 Shell 的一些简单使用技巧,读者需要重点掌握 Hive Shell 的变量使用方法。

扫一扫

Hive 变量

任务目标

掌握 Hive 中常用的 Shell 操作。

任务实施

进入 Hive 部署包的 bin 目录,在命令行输入“./hive”启动 hive cli。

```
[root@ localhost ~]# cd/opt/module/hive/bin
[root@ localhost bin]# ./hive
```

一、常见变量

在 Hive 中常见的变量有表 3-3 中所示的四种。

表 3-3　Hive 常用变量与说明

变量名称	使用权限	描　　述
hivevar	读/写	用户自定义变量
env	只读	shell 环境定义的环境变量
hiveconf	读/写	hive 相关的配置属性
system	读/写	系统级别的变量

(1)hivevar 变量是用户自己定义的变量,可以在查询中使用,并且可以在查询之间共享。可以使用--hivevar varname=value 来定义自定义变量,并可以使用${hivevar:varname}来引用它们。示例代码如下:

```
hive --hivevar dbname=mydb -e 'select* from ${hivevar:dbname}.mytable'
```

这个命令将会在 Hive 中执行一个查询,查询名为 mytable 的表格,并且表格所在的数据库名是这个变量所引用的值。

(2) env 变量是当前用户环境中定义的变量,例如,$HOME 表示当前用户的主目录,$ USER 表示当前用户名。引用环境变量的方法和前面相同。示例代码如下:

```
hive -e 'select* from ${env:HOME}/mytable'
```

这个命令将会在 Hive 中执行一个查询,查询名为 mytable 的表格,并且表格所在的路径是变量所引用的值。这个变量可以在查询中使用,并且可以在查询之间共享。

(3)hiveconf 变量是 Hive 中的一种配置参数,它们可以用于控制 Hive 的行为。可以使用--hiveconf varname=value 来设置 Hive 配置参数。示例代码如下:

```
hive --hiveconf hive.exec.dynamic.partition.mode=nonstrict -e 'select*from mytable'
```

这个命令将会在 Hive 中执行一个查询,查询名为 mytable 的表格,并且设置如下参数 hive.exec.dynamic.partition.mode 的值为 nonstrict。表示允许动态分区的插入操作,但如果有静态分区存在,则会报错。-e 参数用于指定要执行的查询语句。这个查询将会返回 mytable 表中的所有数据。

(4)在 Hive 中,system 变量用于引用系统级别的变量。这些变量是由系统管理的,可以在 Hive 查询中使用。示例代码如下:

```
SELECT *  FROM mytable WHERE username='${system:user.name}'
```

这个查询将会使用${system:user.name}变量来获取当前用户名,并在 mytable 表格中查找所有属于当前用户的数据。这对于需要基于用户进行数据过滤或授权的场景非常有用。

二、Hive 变量的使用

在 Hive 中,set 命令用于设置和查看 Hive 配置参数和变量。

需要注意的是,set 命令只能在 Hive CLI 或 Beeline 中使用,不能在 HiveQL 脚本中使用。

我们来看一下 set 命令的常见用法。

(1)显示当前所有的配置参数和变量。

```
set;
```

这个命令将会列出当前所有的配置参数和变量。具体内容读者可以自行尝试查看。

(2)使用 set varname 命令查看指定的配置参数或者变量。

例如：查看之前提到过的 hive. exec. dynamic. partition. mode 参数的值，命令如下：

```
set hive.exec.dynamic.partition.mode;
```

显示为 strict，即严格模式。在严格模式下，动态分区插入操作将会被禁止，只允许使用静态分区进行插入。

(3) 使用 set varname=value 命令来设置指定的配置参数或变量的值

例如：将 hive. exec. dynamic. partition. mode 参数的值设置为非严格模式，即 nonstrict。在非严格模式下，动态分区插入操作将会被允许，但如果有静态分区存在，则会报错。使用如下命令：

```
set hive.exec.dynamic.partition.mode=nonstrict;
```

三、设置自定义变量

(一) hivevar

1. 创建变量

方法 1：在启动 Hive 时，通过-define key=value 或者-hivevar key=value 的形式创建变量：

```
$ hive --define testkey=testvalue //或者使用 --hivevar 或-d
hive> set hivevar:testkey; //此处的 hivevar:可省略，即直接使用 set
hivevar:testkey=testvalue
```

方法 2：在启动 Hive 后，通过 set 命令创建变量：

```
hive> set hivevar:testkey2=testvalue2;
```

2. 修改变量

```
hive> set testkey=newvalue;
hive> set testkey;
testkey=newvalue
```

注意：在 Hive 处理一条查询语句之前，会将查询语句中的变量替换成相应的值，然后再处理。但是 set 创建变量时 hivevar 不可以省略。否则，在执行 create table 语句时，会报错 “FAILED: ParseException line 1:23 cannot recognize input near ‘$’ ‘{’ ‘label’ in column name or primary key or foreign key”。

```
hive> set hivevar:label=id;  //不能使用 set label=id。
hive> set label;
label=id
hive> createtable student(${hivevar:label} int, name string);
hive> describe student;
id                          int
name                        string
hive> drop table student;   //删除测试表 student。
```

(二) hiveconf

用于进行 Hive 相关的配置主要包含两种方式。

方法 1：Hive 启动时，通过--hiveconf 配置。比如配置显示当前所在的数据库，该值默认为 false。

```
./hive --hiveconf hive.cli.print.current.db=true
hive (default)>
```

方法 2:Hive 启动后,通过 set 设置:

```
hive (default)> hive.cli.print.current.db=true
hive>
```

四、HiveQL 执行方式

方法 1:启动 Hive cli 运行。

方法 2:通过添加-e 的参数执行一次 HiveQL 语句。-S 参数用来删除输出中的执行时间"Time taken: seconds"和"OK",仅保留执行结果。下面的语句将 show databases 的结果输出到 showdbs 的文本文件中,然后用 cat 输出 showdb 的内容:

```
[root@ localhost bin] $ ./hive -S -e "show databases" > ./showdbs
[root@ localhost bin] $ cat showdbs
default
hive1
hive2
hive3
```

另外,用 set 命令查看属性和变量值时(比如想查询 jvm 有关的内容),可以用如下语句进行模糊查询:

```
[root@ localhost bin] $ ./hive-S-e "set" | grep "jvm"
```

方法 3:通过添加-f 执行指定文件。

首先写一个. hql 文件:

```
[root@ localhost bin] $ echo "show databases" > ./showdb.hql
```

然后启动 Hive cli,用 source 来加载执行. hql 文件:

```
hive> source /opt/module/hive/bin/./showdb.hql;
OK
default
hive1
hive2
hive3
Time taken: 0.725 seconds, Fetched: 4 row(s)
```

方法 4:在 Hive cli 启动时通过-i 来执行指定文件。这个选项很适合用于添加 jar 包以及设定 Hive 相关的配置参数。在下面的代码中,Hive 会在 Hive 部署包存放目录下搜索 my. hiverc 文件,并自动执行里面的 HiveQL 语句。因此,启动 Hive cli 后,设置便生效。

```
[root@ localhost bin] $ echo "set hive.cli.print.current.db=true;" > ./my.hiverc
[root@ localhost bin] $ ./hive -i my.hiverc
hive (default)>
```

另外,添加 jar 的形式为 ADD JAR /path/my. jar。

五、Hive Shell 的其他用法

(1)直接在 Hive Shell 中执行一些简单的命令,只要在命令前加上"!"。

比如,显示当前目录。命令如下:

```
hive (default)> ! pwd;
/opt/module/hive
```

(2)直接在 Hive Shell 中操作 hdfs。

只要去掉命令前面的 hdfs 即可。比如,显示 warehouse 的文件,命令如下:

```
hive> dfs -ls /user/hive/warehouse/;
Found 12 items
drwxrwxr-x   - root supergroup   0 2021-08-06 15:34 /user/hive/warehouse/dept
drwxrwxr-x   - root supergroup   0 2021-08-06 16:29 /user/hive/warehouse/emp
drwxrwxr-x   - root supergroup   0 2021-08-06 16:08 /user/hive/warehouse/emp1
drwxrwxr-x   - root supergroup   0 2021-08-06 00:00 /user/hive/warehouse/emp2
drwxrwxr-x   - root supergroup   0 2021-08-06 00:02 /user/hive/warehouse/emp3
drwxrwxr-x   - root supergroup   0 2021-08-0600:03 /user/hive/warehouse/emp_like
drwxrwxr-x   - root supergroup   0 2021-08-05 23:17 /user/hive/warehouse/external_table
drwxrwxr-x   - root supergroup   0 2021-08-05 21:38 /user/hive/warehouse/hive1.db
drwxrwxr-x   - root supergroup   0 2021-08-05 21:40 /user/hive/warehouse/hive2.db
drwxrwxr-x   - root supergroup   0 2021-08-05 23:45 /user/hive/warehouse/new_hive_test
drwxrwxr-x   - root supergroup   0 2021-08-06 16:14 /user/hive/warehouse/stu
drwxrwxr-x   - root supergroup   0 2021-08-06 16:37 /user/hive/warehouse/student
```

注意:在 Hive Shell 中操作 hdfs 更快,因为 hdfs dfs 的用法每次操作都需要重新启动一个 jvm 实例,而 Hive 则是在同一个进程执行这些操作。

(3)通过“--”作为前缀来进行注释,在 cli. hql 和. hiverc 均适用。比如在. hiverc 中添加注释,命令如下:

```
-- this is my comment,
show current database
set hive.cli.print.current.db=true;
```

(4)历史操作。比如,将最近的 100 条历史操作保存在$HOME/. hivehistory,命令如下:

```
[root@ localhost bin]# vi  $HOME/.hivehistory
```

任务小结

本任务简单介绍了 Hive Shell 的一些使用方法,希望读者学完本任务后,能根据需求配置和修改变量来执行相应的命令。

思考与练习

一、选择题

1. DECIMAL(7,4)用于存储的数字范围是(　　)。

A. [-9999. 999,9999. 999]　　B. [-999. 9999,999. 9999]

C. [-99999. 99,99999. 99]　　D. [-99. 99999,99. 99999]

2. 使用(　　)函数可以把 TIMESTAMP 转换为字符串。

A. cast(date as date)　　B. cast(timestamp as date)

C. cast(string as date)　　D. cast(date as string)

3. 以下选项中,(　　)类型间的转换是 Hive 查询语言所支持的。

A. Double-Number　　B. bigInt-Double　　C. Int-BigInt　　D. String-Double

4. 在 Hive 常见变量中,只有“只读”使用权限的变量是(　　)。

A. hivevar　　B. env

C. hiveconf　　D. system

5. 建表时,默认的每条数据之间分隔符是(　　)。

A. \t　　B. \f　　C. \n　　D. \r

6. 按粒度大小的顺序,Hive 数据被分为数据库、数据表、(　　)和桶。

A. 元祖　　B. 栏　　C. 分区　　D. 行

二、填空题

1. 访问 STRUCT 中元素的方法是________。

2. STRING 数据类型理论的存储大小为________。

3. 建表时,分割字段的关键字为________。

4. Truncata 操作的作用是________。

5. 增加分区的关键字是________。

三、判断题

1. 任意数值类型都可以转换成更宽的数据类型(不会导致精度丢失)或者文本类型。(　　)

2. BOOLEAN 可以转换为其他形式的类型。(　　)

3. 时间戳可以转换为文本格式。(　　)

4. HiveQL DDL 不涉及表结构的修改。(　　)

5. 删除外部表时,只会删除 meta data。(　　)

6. 加载数据目标是分区时,必须指定分区的值。(　　)

7. 加载数据时使用 overwrite 关键字会重复导入数据。(　　)

8. 导出数据时,默认导出至 HDFS。(　　)

四、简答题

1. 简述 union 数据类型的作用。

2. 分区的意义是什么?

3. 若创建表时没有创建分区,那么添加分区时会发生什么?

4. 简述内部表和外部表的区别。

5. 删除数据库时,使用 CASCADE 关键字有什么作用?

6. 简述 Hive 的启动方式。

7. HiveQL 的执行方式有哪些?

五、实验题

1. 创建学生表、课程表、教师表、分数表。

(1)学生表 student:s_id string,s_name string,s_birthday string,s_sex string。

(2)课程表 course:c_id string,c_name string,t_id string。

(3)教师表 teacher:t_id string,t_name string。

(4)分数表 score:s_id string,c_id string,s_score int。

2. 生成数据。

(1)student. txt

```
01 赵雷 1990-01-01 男
02 钱电 1990-12-21 男
03 孙风 1990-05-20 男
04 李云 1990-08-06 男
05 周梅 1991-12-01 女
06 吴兰 1992-03-01 女
07 郑竹 1989-07-01 女
08 王菊 1990-01-20 女
```

(2)course. txt

```
01 语文  02
02 数学  01
03 英语  03
```

(3)teacher. txt

```
01 张三
02 李四
03 王五
```

(4)score. txt

```
01  01  80
01  02  90
01  03  99
02  01  70
02  02  60
02  03  80
03  01  80
03  02  80
03  03  80
04  01  50
04  02  30
04  03  20
05  01  76
05  02  87
06  01  31
06  03  34
07  02  89
```

3. 将本地数据导入 Hive 中。

4. 解决问题：

(1)求出课程01比课程02成绩高的学生的信息及课程分数。

(2)求出课程01比课程02成绩低的学生的信息及课程分数。

(3)查询平均成绩大于等于60分的同学的学生编号、姓名和平均成绩。

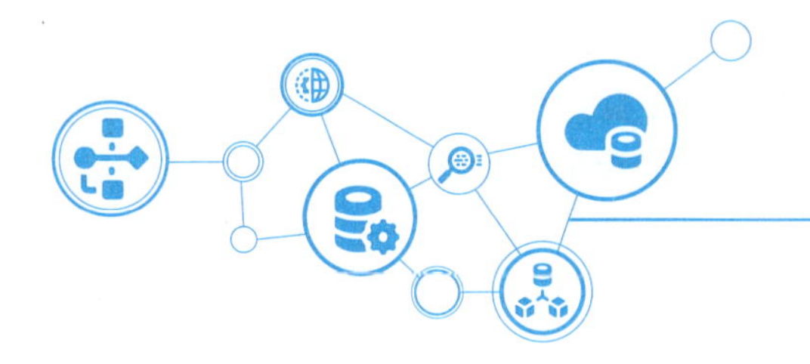

项目四 深入 HiveQL

任务一 HiveQL 实现复杂查询

任务描述

在前面的内容中，学习了基本的 HiveQL 语法，从这里开始，将学习更加复杂的 HiveQL 语句，包括聚合函数、分组、排序、连接、分桶及抽样查询，这些概念在关系型数据 MySQL 中也有接触，现在就来看看 HiveQL 中的这些语法和之前学习的有什么区别。

任务目标

- 掌握聚合函数、分组、排序、连接、分桶、抽样查询的用法。
- 理解各种连接之间的区别。

扫一扫

聚合函数

任务实施

一、聚合函数

聚合函数是一类通过对数据集进行计算并返回单一结果的函数，可以概括为多行合并为一行。

常见的聚合函数有：COUNT、SUM、AVG、MIN、MAX。

其中：

- COUNT 函数：返回一个整数，表示给定列或表中的行数。
- SUM 函数：返回一个数值类型，表示给定列或表中数值列的总和。
- AVG 函数：返回一个浮点数类型，表示给定列或表中数值列的平均值。
- MIN 函数：返回一个数值类型，表示给定列或表中数值列的最小值。
- MAX 函数：返回一个数值类型，表示给定列或表中数值列的最大值。

表 4-1 中所示为 Hive 内置的聚合函数及相关描述。

表 4-1 Hive 内置的聚合函数

函数名	返回类型	描述
count(*) count(expr) count(DISTINCT expr [, expr_.])	BIGINT	count(*)返回检索到的行的总数,包括含有 NULL 值的行。count (expr) 返回 expr 表达式不是 NULL 的行的数量。count(DISTINCT expr [, expr])返回 expr 是唯一的且非 NULL 的行的数量
sum(col) sum(DISTINCT col)	DOUBLE	对组内某列求和(包含重复值)或者对组内某列求和(不包含重复值)
avg(col), avg(DISTINCT col)	DOUBLE	对组内某列元素求平均值者(包含重复值或不包含重复值)
min(col)	DOUBLE	返回组内某列的最小值
max(col)	DOUBLE	返回组内某列的最大值
variance(col), var_pop(col)	DOUBLE	返回组内某个数字列的方差
var_samp(col)	DOUBLE	返回组内某个数字列的无偏样本方差
stddev_pop(col)	DOUBLE	返回组内某个数字列的标准差
stddev_samp(col)	DOUBLE	返回组内某个数字列的无偏样本标准差
covar_pop(col1, col2)	DOUBLE	返回组内两个数字列的总体协方差
covar_samp(col1, col2)	DOUBLE	返回组内两个数字列的样本协方差
corr(col1, col2)	DOUBLE	返回组内两个数字列的皮尔逊相关系数
percentile(BIGINT col, p)	DOUBLE	返回组内某个列精确的第 p 位百分数,p 必须在 0 和 1 之间
percentile(BIGINT col, array(p1 [, p2]...))	array <double>	返回组内某个列精确的第 p_1,p_2,……位百分数,p 必须在 0 和 1 之间
percentile_approx (DOUBLE col, p [, B])	DOUBLE	返回组内数字列近似的第 p 位百分数(包括浮点数),参数 B 控制近似的精确度,B 值越大,近似度越高,默认值为 10 000。当列中非重复值的数量小于 B 时,返回精确的百分数
percentile_approx(DOUBLE col, array(p1 [, p2]...) [, B])	array <double>	同上,但接受并返回百分数数组
histogram_numeric(col, b)	array <struct {'x','y'}>	使用 b 个非均匀间隔的箱子计算组内数字列的柱状图(直方图),输出的数组大小为 b,double 类型的(x,y)表示直方图的中心和高度
collect_set(col)	array	返回消除了重复元素的数组
collect_list(col)	array	返回允许重复元素的数组
ntile(INTEGER x)	INTEGER	该函数将已经排序的分区分到 x 个桶中,并为每行分配一个桶号。可以较容易地计算三分位、四分位、十分位、百分位和其他通用的概要统计

接下来用几个简单的示例具体看一下 Hive 中聚合函数的使用。

依然使用之前创建的员工表emp(如下代码),表中包含了员工编号、员工姓名、职位、上级领导编号、入职日期、薪水、奖金、部门编号等信息:

```
hive> select *  from emp;
OK
7369    SMITH    CLERK      7902   1980-12-17   800.0    NULL    20
7499    ALLEN    SALESMAN   7698   1981-2-20    1600.0   300.0   30
7521    WARD     SALESMAN   7698   1981-2-22    1250.0   500.0   30
7566    JONES    MANAGER    7839   1981-4-2     2975.0   NULL    20
7654    MARTIN   SALESMAN   7698   1981-9-28    1250.0   1400.0  30
7698    BLAKE    MANAGER    7839   1981-5-1     2850.0   NULL    30
7782    CLARK    MANAGER    7839   1981-6-9     2450.0   NULL    10
7788    SCOTT    ANALYST    7566   1987-4-19    3000.0   NULL    20
7839    KING     PRESIDENT  NULL   1981-11-17   5000.0   NULL    10
7844    TURNER   SALESMAN   7698   1981-9-8     1500.0   0.0     30
7876    ADAMS    CLERK      7788   1987-5-23    1100.0   NULL    20
7900    JAMES    CLERK      7698   1981-12-3    950.0    NULL    30
7902    FORD     ANALYST    7566   1981-12-3    3000.0   NULL    20
7934    MILLER   CLERK      7782   1982-1-23    1300.0   NULL    10
Time taken: 1.833 seconds, Fetched: 14 row(s)
```

接下来对emp表进行操作。

(1)查询员工的最高工资。

这里用到的是MAX函数,标准语法如下:

```
SELECT MAX(column_name) FROM table_name;
```

其中,column_name是需要查询的列名;table_name是要查询的表名。

查询员工的最高工资的语句如下:

```
hive> select max(salary) from emp;
```

结果:

```
5000.0
```

(2)查询员工的最低工资

这里用到的是MIN函数,标准语法如下:

```
SELECT MIN(column_name) FROM table_name;
```

查询员工的最低工资的语句如下:

```
hive> select min(salary) from emp;
```

结果:

```
800.0
```

(3)查询员工的平均工资

这里用到的是AVG函数,标准语法如下:

```
SELECT AVG(column_name) FROM table_name;
```

查询员工的平均工资的语句如下:

```
hive> select avg(salary) from emp;
```

结果:

```
2073.214285714286
```

(4)查询员工工资总和。

这里用到的是 SUM 函数,标准语法如下:

```
SELECT SUM(column_name) FROM table_name;
```

查询员工所有工资的和的语句如下:

```
hive> select sum(salary) from emp;
```

结果:

```
29025.0
```

(5)查询记录数。

这里用到的是 COUNT 函数,标准语法如下:

```
SELECT COUNT(column_name) FROM table_name;
```

查询表中数据行数的语句如下:

```
hive> select count(* ) from emp;
hive> select count(1) from emp;
```

结果:

```
14
```

注意:count(*)和 count(1)这两种方式是一样的。

二、分组

分组

Hive 中的 GROUP BY 语句是用于对查询结果进行分组的语句,可以将查询结果按照指定的列进行分组,然后对每个分组进行聚合计算,使用 Group By 时,在 Group By 后面出现的字段也要出现在 select 后面,而且会执行 MapReduce 程序。

下面是 GROUP BY 语句的标准语法:

```
SELECT <column1>, <column2>, ..., <aggregate_function>(<column>)
FROM <table>
GROUP BY <column1>, <column2>, ...;
```

其中,<column1>, <column2>, ...是要进行分组的列,<aggregate_function>是聚合函数,<column>是要进行计算的列,<table>是要查询的表格。

下面通过几个简单的示例看一下 GROUP BY 语句的使用。

(1)用之前创建的 emp 表,按照部门进行分组:

```
hive> select deptno from emp group by deptno;
```

结果:

```
10
20
30
```

(2)查询每个部门的平均工资。

结合之前讲过的平均值函数,对按照部门分组过后的职员的工资进行平均值计算:

```
hive> select deptno,avg(salary) avg_sal from emp group by deptno;
```

结果:

```
10 2916.6666666666665
20 2175.0
30 1566.6666666666667
```

(3)查询平均工资大于2 000的部门(使用HAVING子句限定分组查询)。

HAVING子句用于在GROUP BY子句之后过滤聚合结果。它允许用户根据聚合函数的结果对组进行过滤。例如,现在要查询平均工资大于2 000的部门,则可以使用如下命令,这里having avg(salary)>2 000就过滤出平均工资大于2 000的数据:

```
hive>select deptno,avg(salary) from emp group by deptno having avg(salary) > 2000;
```

结果:

```
10      2916.6666666666665
20      2175.0
```

(4)按照部门和入职时间进行分组(先按照部门进行分组,然后针对每组按照入职时间进行分组)。具体命令如下:

```
hive> select deptno,hiredate from emp group by deptno,hiredate;
```

结果:

```
10     1981-11-17
10     1981-6-9
10     1982-1-23
20     1980-12-17
20     1981-12-3
20     1981-4-2
20     1987-4-19
20     1987-5-23
30     1981-12-3
30     1981-2-20
30     1981-2-22
30     1981-5-1
30     1981-9-28
30     1981-9-8
```

(5)按照部门和入职时间进行分组并计算出每组的人数:

```
hive> select deptno,hiredate,count(ename) from emp group by deptno,hiredate;
```

结果:

```
10     1981-11-17     1
10     1981-6-9       1
10     1982-1-23      1
20     1980-12-17     1
20     1981-12-3      1
20     1981-4-2       1
20     1987-4-19      1
20     1987-5-23      1
30     1981-12-3      1
30     1981-2-20      1
30     1981-2-22      1
```

```
30  1981-5-1        1
30  1981-9-28       1
30  1981-9-8        1
```

查看结果，第三列是统计在同一部门同一时间入职的人数，观察原始数据可以发现，并没有在同一时间入职同一部门的职工，因此第三列的数据都是 1。

三、排序

（一）ORDER BY

ORDER BY 语句会对数据进行全局排序，它和 Oracle 和 MySQL 等数据库中的 ORDER BY 效果一样，它只在一个 reduce 中进行，所以数据量特别大的时候效率会明显降低。

ORDER BY 函数标准语法如下：

```
SELECT column1, column2, ...
FROM table_name
ORDER BY column1 [ASC |DESC], column2 [ASC |DESC], ...;
```

其中，column1、column2 是要排序的列，table_name 指定了查询的表名。ORDER BY 语句后面的部分用于指定查询结果按照哪个或哪些列进行排序，可以按照升序（ASC）或降序（DESC）进行排序。

注意：当设置"set hive. mapred. mode=strict"的时候不指定 limit，执行 select 会报错，如下：

```
LIMIT must also be specified。
```

1. 升序（默认）

例如，查询员工信息（按工资升序排列），代码如下：

```
hive (default)> select *  from emp order by salary.
```

结果：

```
7369  SMITH   CLERK      7902  1980-12-17  800.0   NULL    20
7900  JAMES   CLERK      7698  1981-12-3   950.0   NULL    30
7876  ADAMS   CLERK      7788  1987-5-23   1100.0  NULL    20
7521  WARD    SALESMAN   7698  1981-2-22   1250.0  500.0   30
7654  MARTIN  SALESMAN   7698  1981-9-28   1250.0  1400.0  30
7934  MILLER  CLERK      7782  1982-1-23   1300.0  NULL    10
7844  TURNER  SALESMAN   7698  1981-9-8    1500.0  0.0     30
7499  ALLEN   SALESMAN   7698  1981-2-20   1600.0  300.0   30
7782  CLARK   MANAGER    7839  1981-6-9    2450.0  NULL    10
7698  BLAKE   MANAGER    7839  1981-5-1    2850.0  NULL    30
7566  JONES   MANAGER    7839  1981-4-2    2975.0  NULL    20
7788  SCOTT   ANALYST    7566  1987-4-19   3000.0  NULL    20
7902  FORD    ANALYST    7566  1981-12-3   3000.0  NULL    20
7839  KING    PRESIDENT  NULL  1981-11-17  5000.0  NULL    10
```

注意：由于升序排列为默认设置，因此代码中未出现 ASC。

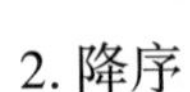

2. 降序

查询员工信息(按工资降序排列),代码如下:

```
hive (default)> select *  from emp order by salary desc;
```

结果:

```
7839    KING    PRESIDENT   NULL    1981-11-17  5000.0  NULL    10
7902    FORD    ANALYST     7566    1981-12-3   3000.0  NULL    20
7788    SCOTT   ANALYST     7566    1987-4-19   3000.0  NULL    20
7566    JONES   MANAGER     7839    1981-4-2    2975.0  NULL    20
7698    BLAKE   MANAGER     7839    1981-5-1    2850.0  NULL    30
7782    CLARK   MANAGER     7839    1981-6-9    2450.0  NULL    10
7499    ALLEN   SALESMAN    7698    1981-2-20   1600.0  300.0   30
7844    TURNER  SALESMAN    7698    1981-9-8    1500.0  0.0     30
7934    MILLER  CLERK       7782    1982-1-23   1300.0  NULL    10
7654    MARTIN  SALESMAN    7698    1981-9-28   1250.0  1400.0  30
7521    WARD    SALESMAN    7698    1981-2-22   1250.0  500.0   30
7876    ADAMS   CLERK       7788    1987-5-23   1100.0  NULL    20
7900    JAMES   CLERK       7698    1981-12-3   950.0   NULL    30
7369    SMITH   CLERK       7902    1980-12-17  800.0   NULL    20
```

3. 按照列别名排序

按照员工薪水的2倍排序,需要把员工工资这一列的数值乘2,然后重新命名(别名)为一个新的列。具体实现代码如下:

```
hive (default)> select ename, salary* 2 twosal from emp order by twosal;
```

结果:

```
enamet      wosal
SMITH       1600.0
JAMES       1900.0
ADAMS       2200.0
WARD        2500.0
MARTIN      2500.0
MILLER      2600.0
TURNER      3000.0
ALLEN       3200.0
CLARK       4900.0
BLAKE       5700.0
JONES       5950.0
SCOTT       6000.0
FORD        6000.0
KING        10000.0
```

4. 多个列排序

按照部门和工资升序排列。注意最后部门编号和薪水两列的编写顺序,Hive会按照编写的先后顺序对数据进行排列。

```
hive (default)> select ename, deptno, salary from emp order by deptno, salary ;
```

结果：

```
MILLER    10    1300.0
CLARK     10    2450.0
KING      10    5000.0
SMITH     20    800.0
ADAMS     20    1100.0
JONES     20    2975.0
SCOTT     20    3000.0
FORD      20    3000.0
JAMES     30    950.0
MARTIN    30    1250.0
WARD      30    1250.0
TURNER    30    1500.0
ALLEN     30    1600.0
BLAKE     30    2850.0
Time taken: 4.539 seconds, Fetched: 14 row(s)
```

（二）Sort by 语句和 Distribute by

Sort by 是单独在各自的 reduce 中进行排序，所以并不能保证全局有序。Distribute by 控制 map 中的输出在 reduce 中是如何进行划分的。使用 Distribute by 可以保证相同 KEY 的记录被划分到一个 reduce 中。Stort by 语句和 Distribute by 语句一起执行，一般用于 map 输出的文件大小不均、reduce 输出的文件大小不均、小文件过多、文件超大等场景。

如果 mapred. reduce. tasks = 1，则和 Order by 效果一样；如果大于 1 会分成几个文件输出，每个文件会按照指定的字段排序，而不保证全局有序。

Sort by 不受 hive. mapred. mode 是否为 strict、nostrict 的影响。

（1）设置 reduce 个数。

当 reduce 数量设置为 1 时，等于 Order by：

```
hive (default)> set mapreduce.job.reduces=3;
```

（2）查看设置 reduce 个数：

```
hive (default)> set mapreduce.job.reduces;
```

注意：Hive 要求 Distribute by 语句要写在 Sort by 语句之前。

具体示例：

```
hive (default)> set mapreduce.job.reduces=3;
hive (default)> select*from emp distribute by deptno sort by empno desc;
```

结果：

```
7900   JAMES    CLERK      7698   1981-12-3    950.0    NULL     30
7844   TURNER   SALESMAN   7698   1981-9-8     1500.0   0.0      30
7698   BLAKE    MANAGER    7839   1981-5-1     2850.0   NULL     30
7654   MARTIN   SALESMAN   7698   1981-9-28    1250.0   1400.0   30
7521   WARD     SALESMAN   7698   1981-2-22    1250.0   500.0    30
7499   ALLEN    SALESMAN   7698   1981-2-20    1600.0   300.0    30
7934   MILLER   CLERK      7782   1982-1-23    1300.0   NULL     10
```

```
7839    KING    PRESIDENT    NULL    1981-11-17    5000.0    NULL    10
7782    CLARK   MANAGER      7839    1981-6-9      2450.0    NULL    10
7902    FORD    ANALYST      7566    1981-12-3     3000.0    NULL    20
7876    ADAMS   CLERK        7788    1987-5-23     1100.0    NULL    20
7788    SCOTT   ANALYST      7566    1987-4-19     3000.0    NULL    20
7566    JONES   MANAGER      7839    1981-4-2      2975.0    NULL    20
7369    SMITH   CLERK        7902    1980-12-17    800.0     NULL    20
Time taken: 1.795 seconds, Fetched: 14 row(s)
```

当 Distribute by 和 Sorts by 字段相同时,可以使用 Cluster by 语句。

Cluster by 语句除了具有 Distribute by 的功能外还兼具 Sort by 的功能。但是排序只能是倒序排序,不能指定排序规则为 ASC 或者 DESC。

以下两种写法等价:

```
select* from emp cluster by deptno;
select* from emp distribute by deptno sort by deptno;
```

结果:

```
7654    MARTIN    SALESMAN     7698    1981-9-28     1250.0    1400.0    30
7900    JAMES     CLERK        7698    1981-12-3     950.0     NULL      30
7698    BLAKE     MANAGER      7839    1981-5-1      2850.0    NULL      30
7521    WARD      SALESMAN     7698    1981-2-22     1250.0    500.0     30
7844    TURNER    SALESMAN     7698    1981-9-8      1500.0    0.0       30
7499    ALLEN     SALESMAN     7698    1981-2-20     1600.0    300.0     30
7934    MILLER    CLERK        7782    1982-1-23     1300.0    NULL      10
7839    KING      PRESIDENT    NULL    1981-11-17    5000.0    NULL      10
7782    CLARK     MANAGER      7839    1981-6-9      2450.0    NULL      10
7788    SCOTT     ANALYST      7566    1987-4-19     3000.0    NULL      20
7566    JONES     MANAGER      7839    1981-4-2      2975.0    NULL      20
7876    ADAMS     CLERK        7788    1987-5-23     1100.0    NULL      20
7902    FORD      ANALYST      7566    1981-12-3     3000.0    NULL      20
7369    SMITH     CLERK        7902    1980-12-17    800.0     NULL      20
Time taken: 1.818 seconds, Fetched: 14 row(s)
```

注意:

(1)排序列必须出现在 SELECT column 列表中。

(2)为了充分利用所有的 reducer 来执行全局排序,可以先使用 Cluster by,然后使用 Order by。

扫一扫

连接

四、连接

连接指对多表进行联合查询。JOIN 语句用于将两个或多个表中的行组合在一起查询,类似于 SQL JOIN,但是 Hive 仅支持等值连接。Hive 中除了支持和传统数据库中一样的内连接、左连接、右连接、全连接,还支持 LEFT SEMI JOIN(左半连接)和 CROSS JOIN(笛卡儿积连接),但这两种 JOIN 类型也可以用前面的代替。

Hive 中 JOIN 的连接键必须在 ON()函数中指定,不能在 Where 中指定,否则就会先做笛卡儿积,再过滤。

连接操作的标准语法如下:

```
SELECT  column_list  FROM  table_a JOIN  table_b  ON  join_condition;
```

其中,column_list 是需要查询的列名列表,可以使用通配符(*)表示查询所有列;table_a 和 table_b 是需要连接的两个表的名称;join_condition 是连接条件,用于指定如何将两个表中的行组合在一起。

下面通过一些例子来理解这些 JOIN 的用法和效果。

(1)数据准备

```
hive> create table test_a(id string, name string) ROW FORMAT DELIMITED FIELDS TERMINATED BY '\t';
hive> load data local inpath '/opt/module/datas/test_a.txt' into table test_a;
hive> select* fromtest_a;
OK
1zhangsan
2lisi
3wangwu
Time taken: 0.116 seconds, Fetched: 3 row(s)

hive> create tabletest_b(id string, age int) ROW FORMAT DELIMITED FIELDS TERMINATED BY '  \t'  ;
hive> load data local inpath '  /opt/module/datas/test_b.txt'  into table test_b;
hive> select* fromtest_b;
OK
1 30
2 29
4 21
Time taken: 0.056 seconds, Fetched: 3 row(s)
```

(2)内连接

Hive 支持通常的 SQL JOIN 语句,但是只支持等值连接,不支持非等值连接。内连接只返回两个表中都存在的匹配行。如果一个表中没有与另一个表匹配的行,则不会返回该表的任何行。

示例代码如下:

```
SELECT a.id,
    a.name,
    b.age
    FROMtest_a a
    jointest_b b
    ON (a.id = b.id);
```

执行结果

```
1 zhangsan 30
2 lisi 29
```

(3)左外连接

左外连接以 LEFT [OUTER] JOIN 关键字前面的表作为主表,和其他表进行关联,返回记录和主表的记录数一致,关联不上的字段设置为 NULL。

是否指定 OUTER 关键字对查询结果无影响。示例代码如下：

```
SELECT a.id,
    a.name,
    b.age
    FROMtest_a a
    left jointest_b b
    ON (a.id = b.id);
```

执行结果

```
    1 zhangsan 30
    2 lisi 29
    3 wangwu NULL
```

(4)右外连接

右外连接和左外关联相反，以 RIGTH [OUTER] JOIN 关键词后面的表作为主表，和前面的表做关联，返回记录数和主表一致，关联不上的字段为 NULL。

同样，是否指定 OUTER 关键字对查询结果无影响。示例代码如下：

```
SELECT a.id,
    a.name,
    b.age
    FROMtest_a a
    RIGHT OUTER JOINtest_b b
    ON (a.id = b.id);
```

执行结果

```
    1 zhangsan 30
    2 lisi 29
    NULL NULL 21
```

(5)全外连接

全外连接以两个表的记录为基准，返回两个表的记录去重之和，关联不上的字段为 NULL。

同样，是否指定 OUTER 关键字对查询结果无影响。

注意：在 FULL JOIN 时，Hive 不会使用 MapJoin 来优化。

示例代码如下：

```
SELECT a.id,
a.name,
b.age
FROMtest_a a
FULL OUTER JOINtest_b b
ON (a.id = b.id);
```

执行结果

```
1 zhangsan 30
```

```
2 lisi 29
3 wangwu NULL
NULL NULL 21
```

(6)左半连接

左半连接是一种特别的连接方式,它并不返回右侧表中的任何列,只返回左侧表中的列,同时只包含那些与右侧表有至少一个匹配的行。左半连接以 LEFT SEMI JOIN 关键字前面的表为主表,返回主表的 KEY 同时也在副表中的记录。

示例代码如下:

```
SELECT a.id,
    a.name
    FROMtest_a a
    LEFT SEMI JOINtest_b b
    ON (a.id = b.id);
```

执行结果

```
    1 zhangsan
    2 lisi
```

等价于:

```
    SELECT a.id,
    a.name
    FROMtest_a a
    WHERE a.id IN (SELECT id FROM test_b);
```

也等价于:

```
    SELECT a.id,
    a.name
    FROMtest_a a
    jointest_b b
    ON (a.id = b.id);
```

也等价于:

```
    SELECT a.id,
    a.name
    FROMtest_a a
    WHERE EXISTS (SELECT 1 FROMtest_b b WHERE a.id = b.id);
```

(7)笛卡儿积连接

笛卡儿积连接用于生成两个表中所有可能的组合,它返回两个表的笛卡儿积结果,不需要指定连接键。

示例代码如下:

```
SELECT a.id,
    a.name,
    b.age
```

```
FROMtest_a a
CROSS JOINtest_b b;
```

执行结果：

```
1 zhangsan 30
1 zhangsan 29
1 zhangsan 21
2 lisi 30
2 lisi 29
2 lisi 21
3 wangwu 30
3 wangwu 29
3 wangwu 21
```

(8)映射连接

映射连接(Map Join)端连接其实不算是Hive连接的一种，它是对Hive SQL的优化，Hive是将SQL转化为MapReduce job，因此映射连接对应的就是Hadoop Join连接中的Map端连接，将小表加载到内存中，在Map阶段直接用另外一个表的数据和内存中表数据做匹配，由于在Map端是进行了Join操作，省去了reduce运行，因此可以提高Hive SQL的执行速度。可以通过以下方式使用Hive SQL映射连接，使用/ * + MAPJOIN * /标记。例如：

```
hive> Select /* + MAPJOIN(b) * / a.key, a.value from a join bon a.key = b.key
```

如要开启Map Join，需要配置参数hive. auto. convert. join，该参数表示是否自动把任务转为Map Join。默认该配置为true。

```
set hive.auto.convert.join = true(默认值)
```

MAPJOIN操作不支持：

- 在UNION ALL, LATERAL VIEW, GROUP BY/JOIN/SORT BY/CLUSTER BY/DISTRIBUTE BY等操作后面；
- 在UNION、JOIN以及其他MAPJOIN之前。

(9)常见连接的区别

假设有表1和表2两张表进行连接操作，用两个圆形来表示两张表，其中相交的C区域是两张表共有的数据，A区域和B区域的数据各不相同，如图4-1所示。

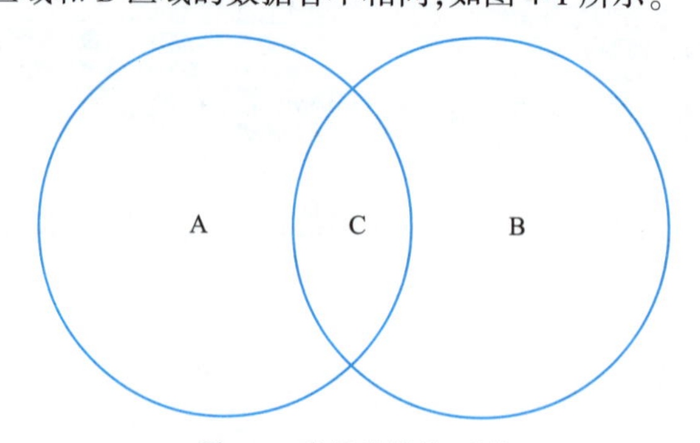

图4-1　常见连接的区别

内连接、左连接、右连接和外连接的区别可以理解如下：

- 使用内连接，相当于求二者的共同部分，即区域 C。
- 使用左连接，相当于求二者的全部数据中，表 1 有而表 2 没有的部分，即区域 A。
- 使用右连接，相当于求二者的全部数据中，表 2 有而表 1 没有的部分，即区域 B。
- 使用外连接，相当于求二者的全部数据，即区域 A+B+C。

五、分桶策略及抽样查询

扫一扫

分桶及抽样查询

分桶是将表数据按照指定的列值进行哈希分桶，使得相同哈希值的数据存储到同一个桶中。查询时可以通过哈希值进行过滤，提高查询效率。例如，按照用户 ID 对用户行为日志进行分桶，可以在查询某个用户的行为时只扫描该用户所在的桶。

1. Hive 分桶策略

官网上给出的创建分桶表的语法如下：

```
CREATE TABLE table_name (column1 data_type, column2 data_type, ...) CLUSTERED BY
(column_name) INTO num_buckets BUCKETS;
```

其中，table_name 是要创建的分桶表名称，column1、column2 等是表中的列名和数据类型，column_name 是要按照哪个列进行分桶，num_buckets 是要创建的桶的数量。

下面通过一个示例来讲解分桶表创建和导入数据的过程。

(1) 首先创建分桶表。通过直接导入数据文件的方式创建 stu_buck. txt，内容如下：

```
1001 ss1
1002 ss2
1003 ss3
1004 ss4
1005 ss5
1006 ss6
1007 ss7
1008 ss8
1009 ss9
1010 ss10
1011 ss11
1012 ss12
1013 ss13
1014 ss14
1015 ss15
1016 ss16
```

然后正式创建分桶表。该表将会按照 id 列进行分桶，分为 4 个桶，每个桶中包含了相同 id 值的所有行。每行数据使用制表符\t 作为分隔符。

```
hive (default)>create table stu_buck(id int, name string) clustered by(id) into 4
buckets row format delimited fields terminated by '  \t'  ;
```

查看表的详细结构发现，桶的数量为 4：

```
hive (hive)> desc formatted stu_buck;
...
Num Buckets:4
```

把之前创建的 stu_buck. txt 文件中的数据加载到分桶表中：

```
hive (default)>> load data local inpath ' /opt/module/datas/stu_buck.txt'  into
table stu_buck;
```

加载完成后，进入 HDFS WEB 界面，查看创建的分桶表中是否分成 4 个桶，如图 4-2 所示，发现并没有分成 4 个桶，这是因为还没有开启 Hive 的分桶功能。

Browse Directory

/user/hive/warehouse/hive.db/stu_buck Go!

Permission	Owner	Group	Size	Replication	Block Size	Name
-rwxr-xr-x	root	supergroup	151 B	3	128 MB	student.txt

Hadoop, 2016.

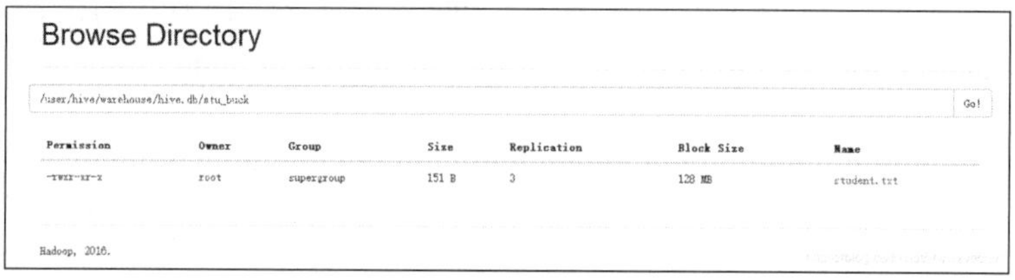

图 4-2　在 HDFS 中查看分桶情况

(2)接下来换一种方式。在创建分桶表时，数据通过子查询的方式导入，并开启 Hive 的分桶功能，再来查看效果。

先清空 stu_buck 表中数据：

```
hive (default)>truncate table stu_buck;
```

创建一个普通的 stu 表，命名为 stu_buck1：

```
hive (default)>create table stu_buck1(id int, name string) row format delimited
fields terminated by '  \t'  ;
```

向 stu_buck1 表中导入原始数据：

```
hive (default)>load data local inpath ' /opt/module/datas/stu_buck.txt'  into
table stu_buck1;
```

设置开启分桶属性，命令如下：

```
hive (default)> set hive.enforce.bucketing=true;
```

当这个参数设置为 true 时，Hive 会在执行查询前检查表是否按照指定的列进行了分桶，以及桶的数量是否正确。如果表没有按照指定列进行分桶，或者桶的数量不正确，Hive 会抛出一个异常并中止查询。这可以避免在没有正确分桶的情况下执行分桶查询，从而提高查询性能和准确性。

然后，通过子查询的方式导入数据到分桶表。完成后再次查看 HDFS WEB 界面中的数据，如图 4-3 所示，可以看到，stu_buck 表中的数据已经被分为了 4 个桶：

```
hive (default)> insert into table stu_buck select id, name from stu_buck1;
```

查询分桶的数据，内容如下：

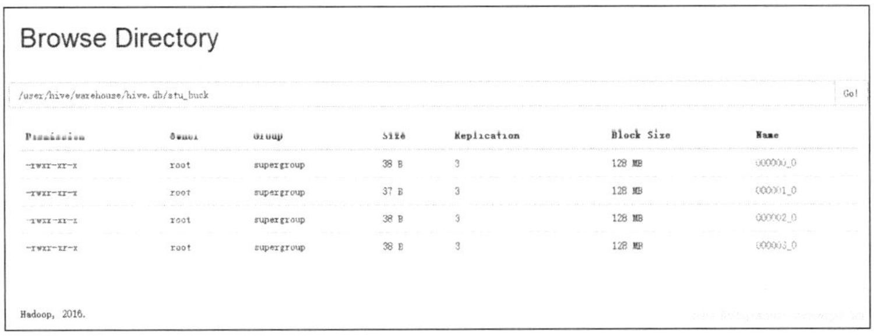

Browse Directory

/user/hive/warehouse/hive.db/stu_buck　Go!

Permission	Owner	Group	Size	Replication	Block Size	Name
-rwxr-xr-x	root	supergroup	38 B	3	128 MB	000000_0
-rwxr-xr-x	root	supergroup	37 B	3	128 MB	000001_0
-rwxr-xr-x	root	supergroup	38 B	3	128 MB	000002_0
-rwxr-xr-x	root	supergroup	38 B	3	128 MB	000003_0

Hadoop, 2016.

图 4-3　在 HDFS 上查询分桶情况

```
hive (default)> select *  from stu_buck;
OK
stu_buck.id     stu_buck.name
1004    ss4
1008    ss8
1012    ss12
1016    ss16
1001    ss1
1005    ss5
1009    ss9
1013    ss13
1002    ss2
1006    ss6
1010    ss10
1014    ss14
1003    ss3
1007    ss7
1011    ss11
1015    ss15
```

2. 分桶抽样查询

对于非常大的数据集,更多时候用户需要的是针对某些特定数据的查询结果。在 Hive 中,可以通过对分桶表进行抽样来满足这个需求。我们知道,在分桶表中,数据按照某个列的哈希值分配到不同的桶中,因此可以使用分桶抽样查询只读取需要的桶,从而减少扫描数据和网络传输的开销,提高查询性能。

分桶抽样查询的语法如下:

```
hive>SELECT *  FROM table_name TABLESAMPLE(BUCKET x OUT OF y ON column_name);
```

在分桶抽样查询语法中,tablesample 是抽样语句,用法为:

```
TABLESAMPLE,(BUCKET x OUT OF y)
```

其中,x 表示要读取的桶号,y 表示总桶数,y 必须是表中总分桶数的倍数或者因子。Hive 根据 y 的大小,决定抽样的比例。例如,table 总共分了 4 份,当 $y=2$ 时,抽取 $4/2=2$ 个桶的数据,当 $y=8$ 时,抽取 $4/8=0.5$ 个桶的数据。x 表示从哪个桶开始抽取,如果需要取多个分区,以后的分区号为当前分区号加上 y。例如,表中总分桶数为 4,tablesample(bucket 1 out of 2)表示总共抽取 4/2=2 个桶的数据，抽取第 1(x)个和第 3($x+y$)个 bucket 的数据。注意：x 的值必须小于等于 y 的值，否则会出现如下报错：

```
    FAILED: SemanticException [Error 10061]: Numerator should not be bigger than denominator in sample clause for table stu_buck
```

查询表 stu_buck 中的数据，代码如下：

```
hive (default)> select * from stu_buck tablesample(bucket 1 out of 4 on id);
1016    ss16
1012    ss12
1008    ss8
1004    ss4
```

任务小结

本任务详细介绍了 HiveQL 的一些常见复杂查询的用法，包括聚合函数、分组、排序、连接、分桶、抽样查询，其中连接是使用最频繁的复杂查询，对于各种连接的区别，读者要熟练掌握。

任务二　使用内置函数

任务描述

Hive 中内置了很多函数，本任务主要学习一些常用的内置函数(如空字段赋值、CASE WHEN 语法、行转列、列转行、窗口函数、RANK 等)，以及如何使用系统内置函数(用法和详细信息)。

任务目标

- 了解查看系统内置函数的方法。
- 掌握常用的内置函数的用法。

扫一扫

常用内置函数(1)

任务实施

一、系统内置函数

(一)查看系统内置的函数

在 Hive 中，可以使用 SHOW FUNCTIONS 命令来列出所有可用的函数。该命令将返回一个包含所有可用函数名称的列表。这些函数按照类别进行组织,例如字符串函数、日期函数、数值函数等。

通过查看可用函数列表,可以根据需要选择适当的函数来处理数据:

```
hive (default)> desc function upper; show functions;
Time taken: 0.025 seconds, Fetched: 289 row(s)
```

(二)显示系统内置函数的用法

在 Hive 中可以使用 DESCRIBE FUNCTION 命令来查看系统内置的函数的用法。该命令将列出函数的使用方法。例如,如果想查看 UPPER() 函数的用法(这个函数用于将字符串转换为大写字母),可以执行以下命令:

```
hive (default)> desc function upper;
OK
tab_name
upper(str) - Returns str with all characters changed to uppercase
Time taken: 0.019 seconds, Fetched: 1 row(s)
```

(三)详细显示系统内置函数的用法

在 Hive 中可以使用 DESCRIBE FUNCTION EXTENDED 命令来查看系统内置函数的详细用法和语法。该命令将提供相关函数的详细信息,包括函数的参数、返回类型、描述、示例。例如,同样想查看 UPPER() 函数的详细信息,可以执行以下命令:

```
hive (default)> desc function extended upper;
OK
tab_name
upper(str)-Returns str with all characters changed to uppercase
Synonyms: ucase
Examplc:
    > SELECT upper('Facebook') FROM src LIMIT 1;
    'FACEBOOK'
Function class:org.apache.hadoop.hive.ql.udf.generic.GenericUDFUpper
Function type:BUILTIN
Time taken: 0.442 seconds, Fetched: 7 row(s)
```

二、常用内置函数

(一)空字段赋值

1. 函数说明

在 Hive 中,NVL 函数用于处理空值。该函数的语法如下:

```
NVL(value, default_value)
```

其中,value 是要检查的值,如果该值为空,则返回 default_value。可以使用该函数来替换空值为默认值。

以下是一个查询示例:

```
hive>SELECT NVL(name, 'Unknown') AS new_name FROM table_name;
```

该查询将检查表中的 name 字段是否为空,如果为空,则将其替换为字符串'Unknown',否

则保留原始值。可以使用 AS 关键字来为新的列命名。

NVL 函数的主要用途是在处理空值时提供默认值。如果不使用 NVL 函数,当尝试对空值执行某些操作时,可能会导致错误或不正确的结果。因此,NVL 函数是在 Hive 查询中处理空值时非常有用的工具。

2. 数据准备

这里依然采用前面经常用到的员工表 emp。

3. 查询

如果员工的 comm 为 NULL,则用-1 代替,将新的列命令名为 new_comm:

```
hive (default)> select comm,nvl(comm,-1) as new_comm from emp;
OK
comm new_comm
NULL                -1.0
300.0               300.0
500.0               500.0
NULL                -1.0
1400.0              1400.0
NULL                -1.0
NULL                -1.0
NULL                -1.0
NULL                -1.0
0.00.0
NULL                -1.0
NULL                -1.0
NULL                -1.0
NULL                -1.0
Time taken: 1.78 seconds, Fetched: 14 row(s)
```

如果员工的 comm 为 NULL,则用领导的 id 代替:

```
hive (default)> select comm, nvl(comm,mgr) from emp;
OK
comm_c1
NULL                7902.0
300.0               300.0
500.0               500.0
NULL                7839.0
1400.0              1400.0
NULL                7839.0
NULL                7839.0
NULL                7566.0
NULL                NULL
0.00.0
NULL                7788.0
NULL                7698.0
NULL                7566.0
```

```
NULL 7782.0
Time taken: 0.148 seconds, Fetched: 14 row(s)
```

(二)CASE WHEN 条件语句

CASE WHEN THEN ELSE END 是 Hive 中的一种控制语句,用于根据不同的条件执行不同的操作。以下是官网给出的标准语法:

扫一扫

常用内置函数(2)

```
CASE WHEN condition1 THEN result1
     WHEN condition2 THEN result2
     ...
ELSE default_result
END
```

其中,condition1、condition2 等为条件表达式,result1、result2 等为对应条件成立时的返回结果,default_result 为所有条件都不成立时的默认返回结果。

可以使用多个 WHEN 子句,每个子句对应一个条件表达式和一个返回结果。如果多个条件表达式都成立,则只返回第一个匹配的结果。如果所有条件都不成立,则返回默认结果。

(1)数据准备(见表 4-2)。

表 4-2 数据准备

name	dept_id	sex
小明	A	男
小华	A	男
小刚	B	男
小红	A	女
小张	B	女
小丽	B	女

(2)计算需求。求出不同部门男女各多少人,结果如下:

```
dept_Id     男      女
A           2       1
B           1       2
```

(3)创建本地 emp_sex. txt,导入数据,内容如下:

```
[root@ localhost datas] $ vim emp_sex.txt
小明    A    男
小华    A    男
小刚    B    男
小红    A    女
小张    B    女
小丽    B
```

(4)创建 Hive 表并导入数据:

```
hive (default)> create table emp_sex(
name string,
dept_id string,
sex string)
row format delimited fields terminated by "\t";
hive (default)> load data local inpath '  /opt/module/datas/emp_sex.txt'  into
table emp_sex;
```

(5)按需求查询数据。

使用如下命令,该语句的含义为:选择部门 ID dept_id、男性人数 male_count 和女性人数 female_count 三个字段,当 sex 为男时,将该行计入男性人数(即 male_count 字段),否则计入女性人数(即 female_count 字段)。对 dept_id 进行分组,统计每个部门的男女员工人数总和。其中,第二行表示统计 sex 为男的行数总和,第三行表示统计 sex 为女的行数总和。最终输出结果包括 dept_id、male_count 和 female_count 三个字段。

```
hive (default)> select
    dept_id,
    sum(case sex when '男'  then 1 else 0 end) male_count,
    sum(case sex when '女'  then 1 else 0 end) female_count
from
    emp_sex
group by
    dept_id;
```

(三)行转列

(1)函数说明。

扫一扫

常用内置函数(3)

• CONCAT(string A/col, string B/col,…):返回输入字符串连接后的结果,支持任意个输入字符串。

• CONCAT_WS(separator, str1, str2,…):它是一个特殊形式的 CONCAT()。第一个参数是其他参数的分隔符。分隔符的位置放在要连接的两个字符串之间。分隔符可以是与剩余参数一样的字符串。如果分隔符是 NULL,返回值也将为 NULL。这个函数会跳过分隔符参数后的任何 NULL 和空字符串。

注意:CONCAT_WS 的参数数据类型必须是 string 或者 array 类型。

• COLLECT_SET(col):函数只接受基本数据类型,它的主要作用是将某字段的值进行去重汇总,产生 array 类型字段。

• COLLECT_LIST(col):函数只接受基本数据类型,它的主要作用是将某字段的值进行不去重汇总,产生 array 类型字段。

(2)数据准备:

```
name    sex     blood_type
小明    男      A
小华    男      A
小刚    男      B
```

```
小丽        女        A
小红        女        A
小张        男        B
```

(3)计算需求。把性别和血型相同的人归类到一起,结果如下:

```
男,A            小明 |小华
女,A            小丽 |小红
男,B            小刚 |小张
```

(4)创建本地文件 blood_type. txt,导入数据,内容如下:

```
[root@ localhost datas] $ vimblood_type.txt
小明    男    A
小华    男    A
小刚    男    B
小丽    女    A
小红    女    A
小张    男    B
```

(5)创建 Hive 表并导入数据:

```
hive (default)> create table person_info(
              > name string,
              > constellation string,
              > blood_type string)
              > row format delimited fields terminated by "\t";
hive (default)> load data local inpath "/opt/module/datas//blood_type.txt" into
table person_info;
```

(6)按需求查询数据:

```
hive (default)> SELECT t1.sex_blood , CONCAT_WS(" |",collect_set(t1.name))
              > FROM (
              > SELECT NAME ,CONCAT_WS('  ,'  ,sex,blood_type) sex_blood
              > FROM person_info
              > )t1
              > GROUP BY t1.sex_blood;
```

以上查询语句的具体解释如下:

● SELECT t1. sex_blood, CONCAT_WS(" |", collect_set(t1. name)):选择两个列,分别是 t1. sex_blood 和将 t1. name 列的值使用字符串连接函数 CONCAT_WS 以“|”作为分隔符连接起来的结果。

● CONCAT_WS 函数是一个连接字符串的函数,第一个参数是分隔符,后面的参数是要连接的字符串列。collect_set(t1. name)会将每个 sex_blood 分组中的 name 列的值收集到一个集合中。

● FROM (SELECT NAME, CONCAT_WS(',', sex, blood_type) sex_blood FROM person_info)t1: 这是一个子查询,从 person_info 表中选择 NAME 列和通过将 sex 列和 blood_type 列用逗号连接起来得到的新列 sex_blood,并将结果命名为 t1。

● GROUP BY t1. sex_blood:按照 t1. sex_blood 列的值进行分组。这意味着查询会将具有相

同 sex_blood 值的行组合在一起，并对这些组进行操作。

总的来说，这条 SQL 语句的作用是从 person_info 表中，先创建一个包含 NAME 和 sex_blood 列的临时结果集 t1，然后按照 sex_blood 列进行分组，最后将每个分组中的 name 列的值连接起来，并与 sex_blood 列一起作为查询结果返回。

扫一扫

常用内置函数(4)

(四)列转行

(1)函数说明。

- Split(str, separator)：将字符串按照后面的分隔符切割，转换成字符 array。
- EXPLODE(col)：将 Hive 一列中复杂的 array 或者 map 结构拆分成多行。
- LATERAL VIEW：和 split，explode 等一起使用，它能够将一行数据拆成多行数据，在此基础上可以对拆分后的数据进行聚合。lateral view 首先为原始表的每行调用 UDTF，UTDF 会把一行拆分成一或者多行，lateral view 再把结果组合，产生一个支持别名表的虚拟表。

用法如下：

```
LATERAL VIEW udtf(expression) tableAlias AS columnAlias
```

(2)数据准备(见表 4-3)。

表 4-3　数据准备

movie	category
《疑犯追踪》	悬疑，动作，科幻，剧情
《Lie to me》	悬疑，警匪，动作，心理，剧情
《战狼 2》	战争，动作，灾难

(3)计算需求。将电影分类中的数组数据展开，结果如下：

```
《疑犯追踪》      悬疑
《疑犯追踪》      动作
《疑犯追踪》      科幻
《疑犯追踪》      剧情
《Lie to me》     悬疑
《Lie to me》     警匪
《Lie to me》     动作
《Lie to me》     心理
《Lie to me》     剧情
《战狼 2》        战争
《战狼 2》        动作
《战狼 2》        灾难
```

(4)创建本地 movie. txt，导入数据内容如下：

```
[root@ localhost datas] $ vim movie_info.txt
《疑犯追踪》      悬疑,动作,科幻,剧情
《Lie to me》     悬疑,警匪,动作,心理,剧情
《战狼 2》        战争,动作,灾难
```

(5)创建 Hive 表并导入数据:

```
create table movie_info(
    movie string,
    category string)
row format delimited fields terminated by "\t";
load data local inpath "/opt/module/datas/movie_info.txt" into table movie_info;
```

(6)按需求查询数据:

```
hive (default)> SELECT movie,category_name
              > FROM movie_info
              > lateral VIEW
              > explode(split(category,",")) movie_info_tmp  AS category_name ;
OK
movie          category_name
《疑犯追踪》    悬疑
《疑犯追踪》    动作
《疑犯追踪》    科幻
《疑犯追踪》    剧情
《Lie to me》  悬疑
《Lie to me》  警匪
《Lie to me》  动作
《Lie to me》  心理
《Lie to me》  剧情
《战狼 2》      战争
《战狼 2》      动作
《战狼 2》      灾难
Time taken: 0.067 seconds, Fetched: 12 row(s)
```

以上查询语句的具体解释如下:

- SELECT movie, category_name:指定要查询返回的列,这里选择了 movie 列和 category_name 列。
- FROM movie_info:指定从名为 movie_info 的表中进行查询。
- lateral VIEW:这是一个用于在 SQL 中处理复杂数据类型(如数组、映射等)的关键字。它允许在查询中对一个列中的值进行展开或拆分,并将结果作为新的行返回。
- split(category, ","):将表中 category 列的值按照逗号进行分割,分割后的结果是一个数组。
- explode(...):对分割后的数组进行展开,将数组中的每个元素作为单独的一行返回。
- movie_info_tmp AS category_name:将展开后的结果命名为 category_name,以便在查询结果中使用。

总的来说,这条 SQL 语句的作用是将 movie_info 表中 category 列中以逗号分隔的分类字符串展开为单独的行,并将电影信息和展开后的分类名称作为查询结果返回。

(五)窗口函数

窗口函数是一种 SQL 函数,非常适合于数据分析,其最大特点是:输入值是从 SELECT 语句

扫一扫

常用内置函数(5)

的结果集中的一行或多行的"窗口"中获取的。可以理解为窗口有大有小(行有多有少)。

窗口函数可以简单地解释为类似于聚合函数的计算函数,但是通过 GROUP BY 子句组合的常规聚合会隐藏正在聚合的各个行,最终输出一行,窗口函数聚合后还可以访问当中的各个行,并且可以将这些行中的某些属性添加到结果集中。

窗口函数的标准语法如下:

```
<窗口函数>([expression]) OVER (
  [PARTITION BY partition_expression, ... ]
  [ORDER BY sort_expression [ASC |DESC], ... ]
  [ROWS BETWEEN frame_start AND frame_end]
)
```

其中:

- <窗口函数>表示要使用的窗口函数。
- [expression]表示要计算的表达式。
- PARTITION BY 子句用于指定分组条件,可以指定一个或多个表达式进行分组。
- ORDER BY 子句用于指定排序条件,可以指定一个或多个表达式进行排序。
- ROWS BETWEEN 子句用于指定窗口范围,可以指定从当前行开始的前几行或后几行作为窗口的范围。

注意:在使用窗口函数时,必须使用 OVER 子句。在 OVER 子句中,可以使用 PARTITION BY、ORDER BY 和 ROWS BETWEEN 子句来定义窗口。

(1)函数说明。

- OVER():指定分析函数工作的数据窗口大小,这个数据窗口大小可能会随着行的变化而变化。
- CURRENT ROW:当前行。
- n PRECEDING:往前 *n* 行数据。
- n FOLLOWING:往后 *n* 行数据。
- UNBOUNDED:无边界。
- UNBOUNDED PRECEDING:前无边界,表示从前面的起点。
- UNBOUNDED FOLLOWING:后无边界,表示到后面的终点。
- LAG(col,n,default_val):往前第 *n* 行数据。
- LEAD(col,n, default_val):往后第 *n* 行数据。
- FIRST_VALUE (col,true/false):当前窗口下的第一个值,第二个参数为 true,跳过空值。
- LAST_VALUE (col,true/false):当前窗口下的最后一个值,第二个参数为 true,跳过空值。
- NTILE(n):把有序窗口的行分发到指定数据的组中,各个组有编号,编号从 1 开始,对于每一行,NTILE 返回此行所属的组的编号。注意:*n* 必须为 int 类型。

(2)数据准备。创建本地文件 business. txt,写入数据如下,包含三列数据,第一列为姓名 name;第二列为订单日期 orderdate;第三列为订单金额 cost。

```
[root@ localhost datas] $ vi business.txt
jack,2017-01-01,10
tony,2017-01-02,15
jack,2017-02-03,23
tony,2017-01-04,29
jack,2017-01-05,46
jack,2017-04-06,42
tony,2017-01-07,50
jack,2017-01-08,55
mart,2017-04-08,62
mart,2017-04-09,68
neil,2017-05-10,12
mart,2017-04-11,75
neil,2017-06-12,80
mart,2017-04-13,94
```

(3)创建 Hive 表并导入数据,内容如下:

```
create table business(
name string,
orderdate string,
cost int
) ROW FORMAT DELIMITED FIELDS TERMINATED BY ',';
load data local inpath "/opt/module/datas/business.txt" into table business;
```

(4)按需求查询数据。

①查询在 2017 年 4 月份购买过商品的顾客及总人数:

```
hive (default)> select name,count(*) over()
              > from business
              > where substring(orderdate,1,7)='2017-04'
              > group by name;
```

结果如下:

```
name     count_window_0
mart     2
jack     2
```

②查询顾客的购买明细及月购买总额:

```
select
    name,
    orderdate,
    cost,
    sum(cost) over(partition by name,month(orderdate)) month_cost
from business;
```

结果如下：

```
name    orderdate     cost    month_cost
jack    2017-01-05    46      111
jack    2017-01-08    55      111
jack    2017-01-01    10      111
jack    2017-02-03    23      23
jack    2017-04-06    42      42
mart    2017-04-13    94      299
mart    2017-04-11    75      299
mart    2017-04-09    68      299
mart    2017-04-08    62      299
neil    2017-05-10    12      12
neil    2017-06-12    80      80
tony    2017-01-04    29      94
tony    2017-01-02    15      94
tony    2017-01-07    50      94
```

③查询顾客每日购买明细,并将每个顾客的 cost 按照日期进行累加：

```
select
    name,
    orderdate,
    cost,
    sum(cost) over(partition by name order by orderdate rows between unbounded
preceding and current row) cost1
from business;
```

结果如下：

```
name    orderdate     cost    cost1
jack    2017-01-01    10      10
jack    2017-01-05    46      56
jack    2017-01-08    55      111
jack    2017-02-03    23      134
jack    2017-04-06    42      176
mart    2017-04-08    62      62
mart    2017-04-09    68      130
mart    2017-04-11    75      205
mart    2017-04-13    94      299
neil    2017-05-10    12      12
neil    2017-06-12    80      92
tony    2017-01-02    15      15
tony    2017-01-04    29      44
tony    2017-01-07    50      94
```

④查询顾客购买明细以及上次的购买时间和下次购买时间：

```
select
    name,
```

```
    orderdate,
    cost,
    lag(orderdate,1,'  无'  ) over(partition by name order by orderdate) prev_time,
    lead(orderdate,1,'  无'  ) over(partition by name order by orderdate) prev_time
from business;
```

结果如下：

```
name    orderdate       cost    prev_time       prev_time
jack    2017-01-01      10      无              2017-01-05
jack    2017-01-05      46      2017-01-01      2017-01-08
jack    2017-01-08      55      2017-01-05      2017-02-03
jack    2017-02-03      23      2017-01-08      2017-04-06
jack    2017-04-06      42      2017-02-03      无
mart    2017-04-08      62      无              2017-04-09
mart    2017-04-09      68      2017-04-08      2017-04-11
mart    2017-04-11      75      2017-04-09      2017-04-13
mart    2017-04-13      94      2017-04-11      无
neil    2017-05-10      12      无              2017-06-12
neil    2017-06-12      80      2017-05-10      无
tony    2017-01-02      15      无              2017-01-04
tony    2017-01-04      29      2017-01-02      2017-01-07
tony    2017-01-07      50      2017-01-04      无
```

⑤查询顾客每个月第一次的购买时间和每个月的最后一次购买时间：

```
select
    name,
    orderdate,
    cost,
    FIRST_VALUE(orderdate) over(partition by name,month(orderdate) order by
orderdate rows between UNBOUNDED PRECEDING and UNBOUNDED FOLLOWING) first_time,
    LAST_VALUE(orderdate) over(partition by name,month(orderdate) order by
orderdate rows between UNBOUNDED PRECEDING and UNBOUNDED FOLLOWING) last_time
    from business;
```

结果如下：

```
name    orderdate       cost    first_time      last_time
jack    2017-01-01      10      2017-01-01      2017-01-08
jack    2017-01-05      46      2017-01-01      2017-01-08
jack    2017-01-08      55      2017-01-01      2017-01-08
jack    2017-02-03      23      2017-02-03      2017-02-03
jack    2017-04-06      42      2017-04-06      2017-04-06
mart    2017-04-08      62      2017-04-08      2017-04-13
mart    2017-04-09      68      2017-04-08      2017-04-13
mart    2017-04-11      75      2017-04-08      2017-04-13
mart    2017-04-13      94      2017-04-08      2017-04-13
```

```
neil    2017-05-10    12    2017-05-10    2017-05-10
neil    2017-06-12    80    2017-06-12    2017-06-12
tony    2017-01-02    15    2017-01-02    2017-01-07
tony    2017-01-04    29    2017-01-02    2017-01-07
tony    2017-01-07    50    2017-01-02    2017-01-07
```

⑥查询前20%时间的订单信息：

```
select * from (
    select name,orderdate,cost, ntile(5) over(order by orderdate) sorted
    from business
) t
where sorted = 1;
```

结果如下：

```
t.name    t.orderdate    t.cost    t.sorted
jack      2017-01-01     10        1
tony      2017-01-02     15        1
tony      2017-01-04     29        1
```

（六）RANK 函数

RANK 函数用于计算每个行的排名。它将为每个行分配一个排名，排名根据 ORDER BY 子句指定的列进行排序。如果多个行具有相同的值，则它们将被分配相同的排名，并且下一个排名将被跳过。RANK 函数返回的结果是整数类型。

RANK 函数的标准语法如下：

```
RANK() OVER (
  [PARTITION BY 列 1, 列 2, ...]
  ORDER BY 列 3 [ASC |DESC]
)
```

RANK 函数语法包括以下几个关键部分：

（1）RANK()函数：指定要执行的排名函数。

（2）OVER 子句：在这里定义窗口的范围和排序规则。其中，

- PARTITION BY：可选项，用于指定分组的列。RANK 函数将在每个分组内独立计算。
- ORDER BY：用于指定排序的列。RANK 函数将按照指定的列进行排序。

使用这些语法元素可以编写 Hive RANK 函数查询来计算每个行的排名。

（1）函数说明。

- DENSE_RANK()：排序相同时会重复，总数会减少。
- ROW_NUMBER()：用于为结果集的分区中的每一行分配一个连续的整数。它可以将结果集划分为单个分区或按照行号进行排序。

（2）数据准备。创建本地 score. txt，写入数据内容如下：

```
[root@ localhost datas] $ vim score.txt
小明    语文    87
小明    数学    95
小明    英语    68
小红    语文    94
小红    数学    56
小红    英语    84
小刚    语文    64
小刚    数学    86
小刚    英语    84
小华    语文    65
小华    数学    85
小华    英语    78
```

(3)创建 Hive 表并导入数据：

```
hive (default)> create table score(
              > name string,
              > subject string,
              > score int)
              > row format delimited fields terminated by "\t";
hive (default)> load data local inpath '  /opt/module/datas/score.txt'  into
table score;
```

(4)按需求查询数据。计算每人每门学科成绩排名：

```
hive (default)> select name,
              > subject,
              > score,
              > rank() over(partition by subject order by score desc) rp,
              > dense_rank() over(partition by subject order by score desc) drp,
              > row_number() over(partition by subject order by score desc) rmp
              > from score;
```

结果如下：

```
name    subject    score    rp    drp    rmp
小明    数学       95       1     1      1
小刚    数学       86       2     2      2
小华    数学       85       3     3      3
小红    数学       56       4     4      4
小刚    英语       84       1     1      1
小红    英语       84       1     1      2
小华    英语       78       3     2      3
小明    英语       68       4     3      4
小红    语文       94       1     1      1
小明    语文       87       2     2      2
小华    语文       65       3     3      3
小刚    语文       64       4     4      4
```

任务小结

本任务介绍了 Hive 中常用内置函数的用法，包括 NVL、CASE WHEN THEN ELSE、CONCAT、LATERAL VIEW、窗口函数、RANK 等，内置函数在日常工作中使用非常广泛，建议读者熟练掌握并做到灵活应用。

任务三　创建、使用自定义函数

扫一扫

创建、使用自定义函数

任务描述

上一个任务学习了 Hive 内置函数的用法，但是在实际生产环境中，内置函数有时无法满足人们的查询需求，此时就要创建自定义函数来满足需求，本任务将讲解如何创建、使用自定义函数。

任务目标

- 了解内置函数和自定义函数的区别。
- 掌握自定义函数的创建、使用方法。

任务实施

一、自定义函数简介

在实际生产环境中，Hive 的内置函数可能满足不了所有的业务需求，所以 Hive 提供的很多模块具有自定义功能，如自定义函数、serde、输入输出格式等。

常见的自定义函数有三种：

- UDF(user defined function，用户自定义函数)：一对一的输入输出(最常用)。
- UDTF(user defined table-generate function，用户自定义表生成函数)：一对多的输入输出，如 LATERAL、VIEW、EXPLODE。
- UDAF(user defined aggregate function，用户自定义聚合函数)：多对一的输入输出，如 COUNT、SUM、MAX。

二、自定义 UDF 函数的实现

在 Hive 中完成自定义函数的操作流程如下：

(1)自定义 Java 类并继承 org. apache. hadoop. hive. ql. exec. UDF。

(2)覆写 evaluate 函数，evaluate 函数支持重载。

(3)将程序打包放到 Hive 所在服务器。

（4）进入 Hive 客户端，添加 jar 包。

（5）创建关联到 Java 类的 Hive 函数。

（6）Hive 命令行中执行查询语句"select id，方法名(name) from 表名"，得出自定义函数输出的结果。

（一）创建 java 类

新建 Java 工程，导入项目依赖包 hive-exec-x. x. x. jar，创建类 HalfYearUDF 如下：

```
package com.bigdata.hive;
import java.text.SimpleDateFormat;
import java.util.Calendar;

import org.apache.hadoop.hive.ql.exec.Description;
import org.apache.hadoop.hive.ql.exec.UDF;

@ Description(name="HalfYearUDF", value="_FUNC_(date)-判断出生日期是上半年还是下半年",
extended ="使用方法:SELECT _FUNC_(birth_date) FROM your_table;")

public class HalfYearUDF extends UDF {
    private SimpleDateFormat df;
    public HalfYearUDF(){
        df= new SimpleDateFormat("yyyy-MM-dd");
    }

    public String evaluate(String birthDateStr) throws Exception{
        int month;
        try{
            java.util.Date birthDate = df.parse(birthDateStr);
            Calendar cal = Calendar.getInstance();
            cal.setTime(birthDate);
            month = cal.get(Calendar.MONTH) + 1; // 获取月份并加1
        }catch (Exception e) {
            return null;
        }

        if(month >= 1 && month <= 6){
            return "上半年";
        }else{
            return "下半年";
        }
    }
}
```

引入需要的 Java 类库，分别是 SimpleDateFormat 和 Calendar。SimpleDateFormat 用于解析日期字符串和格式化日期，Calendar 用于操作日期和时间。此外，引入了 Hive 相关的类库，包括 Description 和 UDF。Description 用于设置函数的描述信息，UDF 是 Hive 自定义函数的基类。

本例中自定义函数的核心逻辑是:evaluate()方法接收一个字符串类型的参数birthDateStr,表示出生日期。在方法内部,首先将输入的日期字符串解析为Java的Date对象,并创建一个Calendar对象来操作日期。然后调用Calendar对象获取月份,并将其加1,以得到实际的月份值。接下来,根据月份的值判断出生日期是上半年还是下半年,并返回相应的结果。

编写一个UDF,关键在于自定义Java类需要继承UDF类并实现evaluate()函数。因为在Hive客户端执行查询时,查询中每处应用到这个函数的地方都会对这个类进行实例化。对于每行输入都会调用evaluate()函数,evaluate()函数处理后的值会返回给Hive。

(二)项目打包

将项目在eclipse中打包为jar包并命名为HalfYearUDF. jar,打包后上传到服务器指定目录,此处选择/opt/module/datas目录:

```
[root@ localhost datas# ll
总用量 28120
-rw-r--r--. 1 root root 28790326    8 月    16    23:02    HalfYearUDF.jar
-rw-r--r--. 1 root root       43    8 月    16    20:56    person.txt
[root@ localhost datas]# pwd
/opt/module/datas/datas
[root@ localhost datas]#
```

(三)加载样本数据集

进入Hive客户端,创建数据表:

```
CREATE TABLE IF NOT EXISTS userinfo(
name    STRING ,    //姓名
bday    STRING ,    //出生日期
)
ROW FORMAT DELIMITED FIELDS TERMINATED BY '  ,'  ;
```

将样本数据集加载到userinfo表中,如下:

```
hive> LOAD DATA LOCAL INPATH '  /opt/module/datas/person.txt INTO TABLE userinfo;
```

样本数据集内容如下:

```
[root@ localhost datas]# cat person.txt
jack,1994-5-6
tom,2003-2-4
Merry,1994-2-3
```

(四)添加jar包

在Hive客户端将Half YearUDF. jar文件加载到类路径:

```
hive (default)> add jar /opt/module/datas/HalfYarUDF.jar;
Added [/opt/module/datas/HalfYearUDF.jar] to class path
Added resources: [/opt/module/datas/Half Year UDF.jar]
```

(五)创建关联到Java类的Hive函数

通过CREATE FUNCTION语句定义使用这个java类的函数,代码如下:

```
hive (default) > create temporary function HalfYearUDF as ' com.bigdata.hive.
HalfYearUDF';
OK
Time taken: 0.432 seconds
```

(六)执行查询

到目前为止,这个判断出生日期是上半年还是下半年的 UDF 可以像其他函数一样使用了。查询 userinfo 表中数据的命令如下:

```
hive (default) > SELECT name,bday,HalfYearUDF(bday) from userinfo;
OK
jack      1994-5-6      上半年
tom       2003-2-4      上半年
merry     1994-12-3     下半年
Time taken: 0.063 seconds, Fetched: 3 row(s)
```

当使用完自定义 UDF 后,可通过如下命令删除此函数:

```
hive (default) > DROP TEMPORARY FUNCTION HiveUDF;
OK
Time taken: 0.038 seconds
```

任务小结

本任务详细讲解了用户如何创建、使用、删除自定义 UDF 函数。在日常工作中,会出现内置函数无法实现需求的情况,此时需要用户根据需求编写自定义函数来完成相应任务。本任务从流程上讲解了自定义函数的使用方法,至于如何构建符合需求的函数,则需要读者自己思考来完成。

任务四　优化 HiveQL 性能

任务描述

通过本书前面的学习可以知道,Hive 的优点在于可以处理大规模的数据,但缺点是性能较差,处理速度较慢。在前面的内容中,已经整体学习了 Hive 的使用方法,在此基础上,Hive 还能通过一些优化技巧来提高处理效率。本任务主要介绍一些常用的策略来提升 Hive 的性能,比如 fetch 抓取、本地模式、Hive 的压缩存储、表的优化、数据倾斜的处理方法等。

任务目标

- 掌握 Fetch 抓取、Hive 本地模式、Hive 的压缩存储、表的优化方法。
- 掌握数据倾斜的处理方法。

优化 HiveQL 性能(1)

任务实施

下面是 Hive 使用过程中一些调优策略。

一、Fetch 抓取

(一)理论分析

Fetch 抓取是指 Hive 中对某些情况的查询可以不必使用 MapReduce 计算。例如:SELECT * FROM emp;在这种情况下,Hive 可以简单地读取 emp 对应的存储目录下的文件,然后输出查询结果到控制台。

在 hive-default. xml. template 文件中,hive. fetch. task. conversion 默认是 more,老版本 Hive 默认是 minimal,该属性修改为 more 以后,在全局查找、字段查找、limit 查找等都不会启动 mapreduce:

```
<property>
    <name>hive.fetch.task.conversion</name>
    <value>more</value>
    <description>
        Expects one of [none, minimal, more].
        Some select queries can be converted to single FETCH task minimizing
latency.
        Currently the query should be single sourced not having any subquery and
should not have
        any aggregations or distincts (which incurs RS), lateral views and joins.
        0. none : disable hive.fetch.task.conversion
        1. minimal : SELECT STAR, FILTER on partition columns, LIMIT only
        2. more: SELECT, FILTER, LIMIT only (support TABLESAMPLE and virtual columns)
    </description>
  </property>
```

(二)案例实操

(1)把 hive. fetch. task. conversion 设置成 none,然后执行查询语句,都会执行 mapreduce 程序:

```
hive (default)> set hive.fetch.task.conversion=none;
hive (default)> select *  from emp;
hive (default)> select ename from emp;
hive (default)> select ename from emp limit 3;
```

(2)把 hive. fetch. task. conversion 设置成 more,然后执行查询语句,按如下查询方式都不会执行 mapreduce 程序:

```
hive (default)> set hive.fetch.task.conversion=more;
hive (default)> select *  from emp;
hive (default)> select ename from emp;
hive (default)> select ename from emp limit 3;
```

二、本地模式

（一）理论分析

Hive 在集群上查询时，默认是在集群的 N 台机器上运行，需要多台机器协调运行，这个方式很好地解决了大数据量的查询效率问题。但是当 Hive 查询处理的数据量比较小时，其实没有必要启动分布式模式去执行，因为以分布式方式执行就涉及跨网络传输、多节点协调等，并且会消耗资源。这种情况下可以只使用本地模式来执行 mapreduce job，也就是说只在一台机器上执行，速度会很快。启动本地模式涉及三个参数，见表 4-4。

表 4-4　启动本地模式涉及的三个参数

参数名	默认值	备注
hive. exec. mode. local. auto	false	让 Hive 决定是否在本地模式自动运行
hive. exec. moade. local. auto. input. files. max	4	不启动本地模式的 task 最大数
hive. exec. mode. loacl. auto. inputbytes. max	128 MB	不启动本地模式的最大输入文件大小

set hive. exec. mode. local. auto = true 是打开 Hive 自动判断是否启动本地模式的开关，但是只是打开这个参数并不能保证启动本地模式，要当 map 任务数不超过 hive. exec. mode. local. auto. input. files. max 的个数并且 map 输入文件大小不超过 hive. exec. mode. local. auto. inputbytes. max 所指定的大小时，才能启动本地模式。

用户可以通过设置 hive. exec. mode. local. auto 的值为 true，来让 Hive 在适当的时候自动启动这个优化，具体操作命令如下：

```
set hive.exec.mode.local.auto=true; //开启本地 mr
//设置 local mr 的最大输入数据量，当输入数据量小于这个值时采用 local mr 的方式，默认为 134217728，即 128MB
set hive.exec.mode.local.auto.inputbytes.max=50000000;
//设置 local mr 的最大输入文件个数，当输入文件个数小于这个值时采用 local MapReduce 的方式，默认为 4
set hive.exec.mode.local.auto.input.files.max=10;
```

（二）案例实操

（1）开启本地模式，并执行查询语句：

```
hive (default)> set hive.exec.mode.local.auto=true;
hive (default)> select *  from emp cluster by deptno;
Time taken: 1.328 seconds, Fetched: 14 row(s)
```

（2）关闭本地模式，并执行查询语句：

```
hive (default)> set hive.exec.mode.local.auto=false;
hive (default)> select *  from emp cluster by deptno;
Time taken: 2.29 seconds, Fetched: 14 row(s);
```

三、Hive 的压缩存储

(一)合理利用文件存储格式

创建表时,尽量使用 orc、parquet 这些列式存储格式,因为列式存储的表,每一列的数据在物理上是存储在一起的,Hive 查询时会只会遍历所需要的列数据,从而大大减少处理的数据量。

(二)压缩的原因

Hive 最终是转为 MapReduce 程序来执行的,而 MapReduce 的性能瓶颈在于网络 I/O 和磁盘 I/O,要解决这个性能瓶颈,主要靠减少数据量,因此对数据进行压缩是一个较好的方式。压缩虽然减少了数据量,但压缩过程消耗 CPU,而在 Hadoop 中,性能瓶颈并不在 CPU,所以压缩充分利用了比较空闲的 CPU。

(三)常用压缩方法对比(见表 4-5)

表 4-5　常用压缩方法对比

压缩格式	是否可拆分	是否自带	压缩率	速度	是否 Hadoop 自带
gzip	否	是	很高	比较快	是
lzo	是	是	比较高	很快	否,要安装
snappy	否	是	比较高	很快	否,要安装
bzip2	是	否	最高	慢	是

各个压缩方式所对应的 Class 类见表 4-6。

表 4-6　各压缩方式对应的 Class 类

压缩格式	类
Zlib	org. apache. hadoop. io. compress. DefaultCodec
Gzip	org. apache. hadoop. io. compress. GzipCodec
Bzip2	org. apache. hadoop. io. compress. Bzip2Codec
Lzo	org. apache. hadoop. io. compress. lzo. LzoCodec
Lz4	org. apache. hadoop. io. compress. Lz4Codec
Snappy	org. apache. hadoop. io. compress. SnappyCodec

(四)案例实操

Job 输出文件按照 block 以 GZip 方式进行压缩,代码如下:

```
set mapreduce.output.fileoutputformat.compress=true            //默认值是 false
set mapreduce.output.fileoutputformat.compress.type=BLOCK      //默认值是 Record
set mapreduce. output. fileoutputformat. compress. codec = org. apache. hadoop. io.
compress.GzipCodec // 默认值是 org.apache.hadoop.io.compress.DefaultCodec
```

Map 输出结果也以 Gzip 方式进行压缩,代码如下:

```
set mapred.map.output.compress=true
set mapreduce. map. output. compress. codec = org. apache. hadoop. io. compress.
GzipCodec // 默认值是 org.apache.hadoop.io.compress.DefaultCodec
```

对 Hive 输出结果和中间都进行压缩：

```
set hive.exec.compress.output=true              //默认值是 false,不压缩
set hive.exec.compress.intermediate=true        //默认值是 false,为 true 时 MR 设置的压
                                                  缩才启用
```

四、表的优化

表的优化涉及对数据库表结构和查询性能的提升，可以显著提高数据库的响应速度和处理能力。

(一) 小表、大表 join

1. 理论分析

在 Hive 的早期版本中，需要把 key 相对分散且数据量较小的表放在连接操作的左侧，这样能大大降低内存溢出错误出现的几率。再者，可以通过 Group 操作让记录条数少于 1 000 条的小维度表率先进入内存，从而在 Map 端完成 reduce 操作。

而在新版本的 Hive 中，针对小表与大表进行连接的情形（不管是小表连接大表，还是大表连接小表）都进行了优化，小表置于左边或者右边已不存在明显区别。

2. 案例实操

需求：测试大表连接小表和小表连接大表的效率。

创建大表、小表和连接后表的语句如下：

```
create table bigtable(id bigint, time bigint, uid string, keyword string, url_rank int, click_num int, click_url string) row format delimited fields terminated by '\t';
create table smalltable(id bigint, time bigint, uid string, keyword string, url_rank int, click_num int, click_url string) row format delimited fields terminated by '\t';
create table jointable(id bigint, time bigint, uid string, keyword string, url_rank int, click_num int, click_url string) row format delimited fields terminated by '\t';
```

(1) 分别向大表和小表中导入数据：

```
hive (default)> load data local inpath '/opt/module/datas/bigtable' into table bigtable;
hive (default)> load data local inpath '/opt/module/datas/smalltable' into table smalltable;
```

(2) 关闭 Map Join 功能（默认是打开的）：

```
set hive.auto.convert.join = false;
```

(3) 执行小表连接大表语句：

```
insert overwrite table jointable
select b.id, b.time, b.uid, b.keyword, b.url_rank, b.click_num, b.click_url
from smalltable s
left join bigtable b
on b.id = s.id;
Time taken: 35.921 seconds
```

(4)执行大表连接小表语句：

```
insert overwrite table jointable
select b.id, b.time, b.uid, b.keyword, b.url_rank, b.click_num, b.click_url
from bigtable  b
left join smalltable  s
on s.id = b.id;
Time taken: 34.196 seconds;
```

(二)大表连接大表

1. 空 key 过滤

有时连接超时是因为某些 key 对应的数据太多,而相同 key 对应的数据都会发送到相同的 reducer 上,从而导致内存不够。此时仔细分析这些异常的 key 会发现,很多情况下,这些 key 对应的数据是异常数据,需要在 SQL 语句中进行过滤。

例如,当 key 对应的字段为空时,具体操作方法如下：

(1)配置历史服务器。

配置 mapred-site. xml,内容如下：

```
<property>
<name>mapreduce.jobhistory.address</name>
<value>ip 地址:10020</value>
</property>
<property>
<name>mapreduce.jobhistory.webapp.address</name>
<value>ip 地址:19888</value>
</property>
```

启动历史服务器：

```
[root@ localhost hive] $ sbin/mr-jobhistory-daemon.sh start historyserver
```

打开浏览器,输入 http://ip 地址:19888/jobhistory 来查看 jobhistory。

(2)创建原始数据表、空 id 表以及合并后数据表：

```
create table ori (id bigint, time bigint, uid string, keyword string, url_rank int, click_num int, click_url string) row format delimited fields terminated by '\t';
create table nullidtable (id bigint, time bigint, uid string, keyword string, url_rank int, click_num int, click_url string) row format delimited fields terminated by '\t';
create table jointable (id bigint, time bigint, uid string, keyword string, url_rank int, click_num int, click_url string) row format delimited fields terminated by '\t';
```

(3)分别加载原始数据和空 id 数据到对应表中：

```
hive (default)> load data local inpath '/opt/module/datas/ori' into table ori;
hive (default) > load data local inpath '/opt/module/datas/nullid' into table nullidtable;
```

(4)测试不过滤空 id：

```
hive (default)> insert overwrite table jointable
select n.* from nullidtable n left join ori o on n.id = o.id;
Time taken: 42.038 seconds
```

(5)测试过滤空 id:

```
hive (default)> insert overwrite table jointable
select n.*  from (select *  from nullidtable where id is not null ) n left join ori o
on n.id = o.id;
Time taken: 31.725 seconds
```

2. 空 key 转换

有时虽然某个 key 为空时对应的数据很多,但是对应的数据不是异常数据,必须要包含在 join 的结果中,此时可以给表 a 中 key 为空的字段赋一个随机的值,使得数据随机均匀地分布到不同的 reduce 上。

接下来通过两个示例具体了解一下。

示例 1:不随机分布空 null 值。

(1)设置 reduce 个数:

```
set mapreduce.job.reduces = 5;
```

(2)JOIN 两张表:

```
insert overwrite table jointable
select n.*  from nullidtable n left join ori b on n.id = b.id;
```

结果:可以看出来,出现了数据倾斜,某些 reduce 的资源消耗远大于其他 reduce。

示例 2:随机分布空 null 值。

(1)设置 reduce 个数:

```
set mapreduce.job.reduces = 5;
```

(2)JOIN 两张表:

```
insert overwrite table jointable
select n.*  from nullidtable n full join ori o on
case when n.id is null then concat('hive', rand()) else n.id end = o.id;
```

结果:可以看出来,已消除了数据倾斜,负载均衡 reduce 的资源消耗。

五、数据倾斜

在分布式计算系统中,当数据分布不均匀时,容易导致某些节点处理的数据量远大于其他节点,从而影响整体性能和效率,这种现象称为数据倾斜。

(一)map 数

通常情况下,作业会通过 input 的目录产生一个或者多个 map 任务,其主要的决定因素有 input 的文件总个数、input 的文件大小、集群设置的文件块大小。

由之前的 MapReduce 编程案例得知,一个 MR Job 的 MapTask 数量是由输入分片 InputSplit 决定的。而输入分片是由 FileInputFormat. getSplit() 决定的。一个输入分片对应一个 MapTask,而输入分片是由三个参数决定的,见表 4-7。

扫一扫

优化 HiveQL 性能(2)

表 4-7　决定输入分片的参数

参　　数	默认值/MB	意　　义
dfs. blocksize	128	HDFS 默认数据块大小
mapreduce. input. fileinputformat. split. minsize	1	最小分片大小
mapreduce. input. fileinputformat. split. maxsize	256	最大分片大小(MR)

输入分片大小的计算如下：

long splitSize = Math. max(minSize, Math. min(maxSize, blockSize))

默认情况下,输入分片大小和 HDFS 集群默认数据块大小一致,也就是默认一个数据块,启用一个 MapTask 进行处理,这样做的好处是避免了服务器节点之间的数据传输,提高 job 处理效率。

那么是不是 map 数越多越好呢？答案是否定的。如果一个任务有很多小文件(远远小于块大小 128 MB),则每个小文件也会被当作一个块,用一个 map 任务来完成,而一个 map 任务启动和初始化的时间远远大于逻辑处理的时间,就会造成很大的资源浪费。而且,同时可执行的 map 数是受限的。

那么是不是保证每个 map 处理接近 128 MB 的文件块,就高枕无忧了？答案是不一定。比如有一个 127 MB 的文件,正常会用一个 map 去完成,但这个文件只有一个或者两个小字段,却有几千万的记录,如果 map 处理的逻辑比较复杂,用一个 map 任务去做,肯定也比较耗时。

针对上面的问题,需要在不同的场景通过减少或增加 map 来提高执行效率。

1. 小文件合并减少 map 数

在 map 执行前合并小文件,减少 map 数。CombineHiveInputFormat 具有对小文件进行合并的功能(系统默认的格式)。HiveInputFormat 没有对小文件合并功能。

```
set hive.merge.mapfiles=true                   ##在 map only 的任务结束时合并小文件
set hive.merge.mapredfiles=false               ## true 时在 MapReduce 的任务结束时合并
                                               小文件
set hive.merge.size.per.task=256*1000*1000     ##合并文件的大小
set mapred.max.split.size=256000000;           ##每个 map 最大分割大小
set mapred.min.split.size.per.node=1;          ##一个节点上 split 的最小值
set hive.input.format=org.apache.hadoop.hive.ql.io.CombineHiveInputFormat;
                                               ##执行 map 前进行小文件合并
```

2. 复杂文件增加 map 数

当 input 的文件都很大,任务逻辑复杂,map 执行非常慢的时候,可以考虑增加 map 数使每个 map 处理的数据量减少,从而提高任务的执行效率。

增加 map 数的方法为：根据 computeSliteSize(Math. max(minSize, Math. min(maxSize, blocksize))) = blocksize=128 M 公式,调整 maxSize 最大值。让 maxSize 最大值低于 blocksize 就可以增加 map 数。

(1)执行查询：

```
hive (default)> select count(* ) from emp;
Hadoop job information for Stage-1: number of mappers: 1; number of reducers: 1
```

(2)设置最大切片值为 100 个字节：

```
hive (default)> set mapreduce.input.fileinputformat.split.maxsize=100;
hive (default)> select count(* ) from emp;
Hadoop job information for Stage-1: number of mappers: 6; number of reducers: 1
```

(二)reduce 数

Hadoop MapReduce 程序中,reduce 个数的设定极大影响着执行效率,这使得 Hive 怎样决定 reduce 个数成为一个关键问题。遗憾的是 Hive 的估计机制很弱,在不指定 reduce 个数的情况下,Hive 会猜测确定 reduce 个数,基于以下参数设定：

```
hive.exec.reduces.bytes.per.reduce(默认为 256000000)
hive.exec.reduces.max(默认为 1009)
mapreduce.job.reduces=-1(设置一个常量 reducetask 数量)
```

计算 reduce 个数的公式很简单:$N=\min$(参数 2,总输入数据量/参数 1)。通常情况下,有必要手动指定 reduce 个数。考虑到 map 阶段的输出数据量通常会比输入有大幅减少,因此即使不设定 reduce 个数,重设参数 2 还是必要的。

依据经验,可以将参数 2 设定为 0.95 *(集群中 datanode 个数)。

1. 调整 reduce 个数

(1)每个 reduce 处理的数据量默认是 256 MB：

```
sethive.exec.reduces.bytes.per.reduce=256000000
```

(2)每个任务最大的 reduce 个数,默认为 1009：

```
sethive.exec.reduces.max=1009
```

(3)在 Hadoop 的 mapred-default. xml 文件中修改。设置每个 job 的 reduce 个数：

```
set mapreduce.job.reduces = 15;
```

2. reduce 个数并不是越多越好

在设置 reduce 个数的时候也需要考虑这两个原则:处理大数据量选择合适的 reduce 个数;使单个 reduce 任务时处理数据量的大小要合适。

(1)过多地启动和初始化 reduce 也会消耗时间和资源。

(2)有多少个 reduce,就会有多少个输出文件,如果生成了很多个小文件,那么当这些小文件作为下一个任务的输入时,也会出现小文件过多的问题。

(三)并行执行

Hive 会将一个查询转化成一个或者多个阶段。这样的阶段可以是 MapReduce 阶段、抽样阶段、合并阶段、limit 阶段等。默认情况下,Hive 一次只会执行一个阶段。不过,某个特定的 job 可能包含众多的阶段,而这些阶段可能不是完全互相依赖的,也就是说有些阶段是可以并行执行的,这样可能使得整个 job 的执行时间缩短。不过,如果有更多的阶段可以并行执行,那么 job 就可能越快完成。

通过设置参数 hive. exec. parallel 值为 true,就可以开启并发执行。不过在共享集群中需要注意,如果 job 中并行阶段增多,那么集群利用率就会增加。

```
set hive.exec.parallel=true;              //打开任务并行执行
set hive.exec.parallel.thread.number=16;  //同一个 sql 允许最大并行度,默认为 8。
```

当然,并行是在系统资源比较空闲的时候才有优势,否则没有计算资源,并行也无法启动。

(四)严格模式

Hive 中的严格模式是一种执行模式,它要求用户在编写 Hive 查询时遵循一定的规范和约定,以保证查询的正确性和安全性。

通过设置属性 hive. mapred. mode 值可以开启或关闭严格模式,默认为非严格模式 nonstrict。开启严格模式需要修改 hive. mapred. mode 值为 strict。

```
<property>
    <name>hive.mapred.mode</name>
    <value>strict</value>
    <description>
        The mode in which the Hive operations are being performed.
        In strict mode, some risky queries are not allowed to run. They include:
            Cartesian Product.
            No partition being picked up for a query.
            Comparing bigints and strings.
            Comparing bigints and doubles.
            Orderby without limit.
    </description>
</property>
```

开启严格模式可以禁止三种类型的查询。

(1)对于分区表,除非 WHERE 语句中含有分区字段过滤条件来限制范围,否则不允许执行。换句话说,就是用户不允许扫描所有分区。进行这个限制的原因是,通常分区表都拥有非常大的数据集,而且数据增加迅速。没有进行分区限制的查询可能会消耗令人不可接受的巨大资源来处理这个表。

(2)对于使用了 ORDER BY 语句的查询,要求必须使用 LIMIT 语句。因为 ORDER BY 为了执行排序过程会将所有的结果数据分发到同一个 reducer 中进行处理,强制要求用户增加这个 LIMIT 语句可以防止 reducer 额外执行很长一段时间。

(3)限制笛卡儿积的查询。对关系型数据库非常了解的用户可能期望在执行 JOIN 查询的时候不使用 ON 语句而是使用 WHERE 语句,这样关系数据库的执行优化器就可以高效地将 WHERE 语句转化成那个 ON 语句。不过,Hive 并不会执行这种优化,因此,如果表足够大,那么这个查询就会出现不可控的情况。

(五)JVM 重用

JVM 重用是 Hadoop 调优参数的内容,其对 Hive 的性能具有非常大的影响,特别是对于很难避免小文件的场景或 task 特别多的场景,这类场景大多数执行时间都很短。

Hadoop 的默认配置通常是使用派生 JVM 来执行 map 和 reduce 任务的。这时 JVM 的启动过程可能会造成相当大的开销,尤其是执行的 job 包含有成百上千 task 任务的情况。JVM 重用可以使得 JVM 实例在同一个 job 中重新使用 *N* 次。N 的值可以在 Hadoop 的 mapred-site. xml 文件中进行配置。通常在 10~20 之间,具体数值需要根据业务场景实际测试得出。

```
<property>
    <name>mapreduce.job.jvm.numtasks</name>
    <value>10</value>
```

```
    <description>How many tasks to run per jvm. If set to -1, there is
    no limit.
    </description>
</property>
```

JVM 重用的缺点是,开启 JVM 重用将一直占用使用到的 task 插槽,直到任务完成后才能释放。如果某个“不平衡的”job 中有某几个 reduce task 执行的时间要比其他 reduce task 消耗的时间多得多的话,那么保留的插槽就会一直空闲着却无法被其他的 job 使用,直到所有的 task 都结束了才会释放。

(六)推测执行

在分布式集群环境下,因为程序 Bug(包括 Hadoop 本身的 Bug)、负载不均衡、资源分布不均等原因,会造成同一个作业的多个任务之间运行速度不一致,有些任务的运行速度可能明显慢于其他任务,则这些任务会拖慢作业的整体执行进度。为了避免这种情况发生,Hadoop 采用了推测执行(speculative execution)机制,它根据一定的法则推测出“拖后腿”的任务,并为这样的任务启动一个备份任务,让该任务与原始任务同时处理同一份数据,并选用最先成功运行任务的计算结果作为最终结果。

设置开启推测执行可以在 Hadoop 的 mapred-site. xml 文件中配置相关参数。

```
<property>
    <name>mapreduce.map.speculative</name>
    <value>true</value>
    <description>If true, then multiple instances of some map tasks
              may be executed in parallel.</description>
</property>

<property>
    <name>mapreduce.reduce.speculative</name>
    <value>true</value>
    <description>If true, then multiple instances of some reduce tasks
              may be executed in parallel.</description>
</property>
```

以上代码中参数配置的步骤:

(1)打开 Hadoop 的配置文件 mapred-site. xml(在 Hadoop 安装目录下的 etc/hadoop 文件夹中)如果该文件不存在,可以从模板文件 mapred-site. xml. template 复制一份并命名为 mapred-site. xml。

(2)在 mapred-site. xml 文件中的<configuration>和</configuration>之间添加 mapreduce. map. speculative 和 mapreduce. reduce. speculative 配置项内容。

(3)保存 mapred-site. xml 文件。注意,如果是在分布式环境中,需要将修改后的配置文件分发到所有的节点上,确保整个集群的配置一致。

不过 Hive 本身也提供了配置项来控制 reduce-side 的推测执行,代码如下:

```
<property>
 <name>hive.mapred.reduce.tasks.speculative.execution</name>
```

```
        <value>true</value>
        <description>Whether speculative execution for reducers should be turned on.
</description>
      </property>
```

以上代码中参数配置的步骤:

(1)打开 Hive 配置文件 hive-site. xml(在安装目录下的 conf 文件夹中)。

(2)在 hive-site. xml 文件中的<configuration>和</configuration>之间添加 hive. mapred. reduce. tasks. speculative. execution 配置项内容。

(3)保存 hive-site. xml 文件。

关于调优这些推测执行变量,需要具体问题具体分析。如果用户对于运行时的偏差非常敏感,可以将这些功能关闭。如果用户因为输入数据量很大而需要执行长时间的 map 或者 Reduce task,那么启动推测执行造成的浪费是非常大的。

(七)执行计划

Hive 的底层就是 MapReduce 的编程实现,我们可以通过执行计划详细地了解执行过程。这对于底层的理解有很大的帮助。

执行计划的基本语法如下:

```
    EXPLAIN [EXTENDED |DEPENDENCY |AUTHORIZATION] query
```

下面看两个具体的示例。

(1)查看下面这条语句的执行计划,代码如下:

```
    hive (default)> explain select *  from emp;
    hive (default)> explain select deptno, avg(sal) avg_sal from emp group by deptno;
```

(2)查看详细执行计划,代码如下:

```
    hive (default)> explain extended select *  from emp;
    hive (default)> explain extended select deptno, avg(sal) avg_sal from emp group by
deptno;
```

任务小结

本任务介绍了常用的 Hive 调优方法,包括 Fetch 抓取、Hive 本地模式、Hive 的压缩存储、表的优化、解决数据倾斜的方法等。在实际生产环境中,这些策略是很常见且非常有用的,我们要熟练运用这些策略去解决实际问题,形成最优解决方案。

思考与练习

一、选择题

1. 当 Distribute by 和 Sorts by 字段相同时,可以使用(　　)。

   A. Group by　　B. Order by　　C. Cluster by　　D. having

2. Hive 中 join 的关联键必须在(　　)中指定。

A. IN( )　　B. ON( )　　C. Where　　D. from

3. 以 JOIN 关键词后面的表为主表,使用(　　)关联方式。

A. RIGHT JOIN　　B. LEFT JOIN　　C. FULL JOIN　　D. CROSS JOIN

4. 自定义函数的类型不包括(　　)。

A. UDF　　B. DUF　　C. UDTF　　D. UDAF

5. 自定义函数的创建步骤不包括(　　)。

A. 自定义 Java 类并继承 org. apache. hadoop. hive. ql. exec. UDF

B. 把程序打包放到 Hive 所在服务器

C. 创建关联到 Java 类的 Hive 函数

D. 在源码中改写原函数

6. Hive 调优的策略包括(　　)。(多选)

A. fetch 抓取　　B. 本地模式　　C. 表优化　　D. 解决数据倾斜问题

7. 压缩效率最高的方法是(　　)。

A. gzip　　B. lzo　　C. snappy　　D. bzip2

8. 开启严格模式能禁止(　　)类型的查询。

A. where 语句中无过滤条件　　B. order by 语句中无 limit 关键词

C. 两张大表 join　　D. 笛卡儿积的查询

二、填空题

1. 聚合函数的宗旨是__________。

2. Distribute by 和 Sort by 一般用于__________场景。

3. 使用 Order by 时,在严格模式下执行 select 会报__________错误。

4. 开启 MapJoin 的指令是____________________。

5. 显示自带的函数的指令是____________________。

6. 若 NVL 的两个参数都为 NULL,返回__________。

7. CONCAT_WS(separator, str1, str2, …)的第一个参数如果为 NULL,则返回值为__________。

8. 自定义函数需要继承__________类。

9. 三种自定义函数中最常用的是__________。

10. 启动 Hive 本地模式自动启动的指令是__________。

11. 创建表时,尽量使用__________存储格式。

12. MapReduce 的性能瓶颈在于__________。

13. 一个 MR Job 的 MapTask 数量是由__________决定的。

14. 输入分片大小的计算公式是________________。

15. 开启并发执行的指令是________________。

三、判断题

1. 使用 Group By 时,在 Group By 后面出现的字段不一定要出现在 select 后面。(　　)

2. order by 在数据量特别大的时候效率非常低。(　　)

3. ASC 代表降序,DESC 代表升序。(　　)

4. Cluster by 支持 ASC、DESC 排序。(　　)

5. EXPLODE(col)可以将 Hive 一行中复杂的 array 或者 map 结构拆分成多列。 (　　)

6. LATERAL VIEW 能够将一行数据拆成多行数据。 (　　)

7. COLLECT_LIST(col):函数只接受基本数据类型,它的主要作用是将某字段的值进行去重汇总,产生 array 类型字段。 (　　)

四、简答题

1. 简述分区和分桶的区别。
2. 简述分桶的规则。
3. 简述充分利用所有 reduce 进行全局排序的思路。
4. 简述 MapJoin 的作用。
5. 简述创建自定义函数的步骤。
6. 简述自定义函数的种类和各自的特点。
7. 简述本地模式的调优策略。
8. reduce 的个数设置得越多越好吗？如果不是,请说明理由。
9. 简述并行执行的调优策略。

拓展篇

引言

经过前面一段时间的学习，我们已经基本掌握了 Hive 的用法，在拓展篇中，我们尝试将学习到的知识结合起来，利用 Hive 去建设数据仓库，要实现这一点，首先，还是要深入了解数据仓库的建设方法，所以我们将学习数据仓库的模型种类、建设步骤、建设规范。最后将通过一个实战项目来巩固我们所学的知识。

学习目标

- 掌握大数据的概念。
- 清楚 Hadoop 的生态体系成员。
- 掌握 Hadoop 的核心组件的工作原理。
- 具备在 Linux 系统下搭建 Hadoop 平台及相关组件的能力。

知识体系

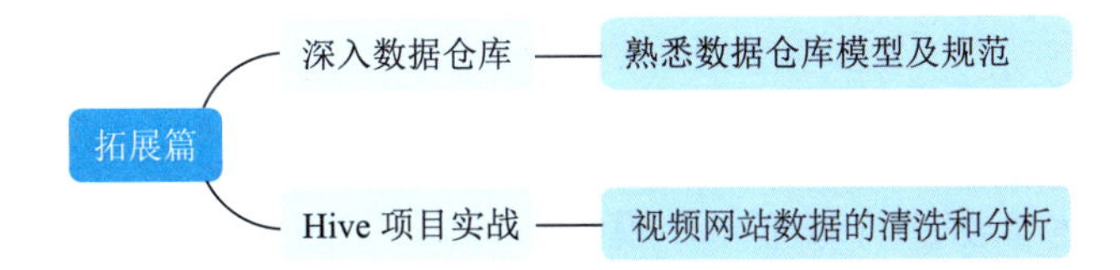

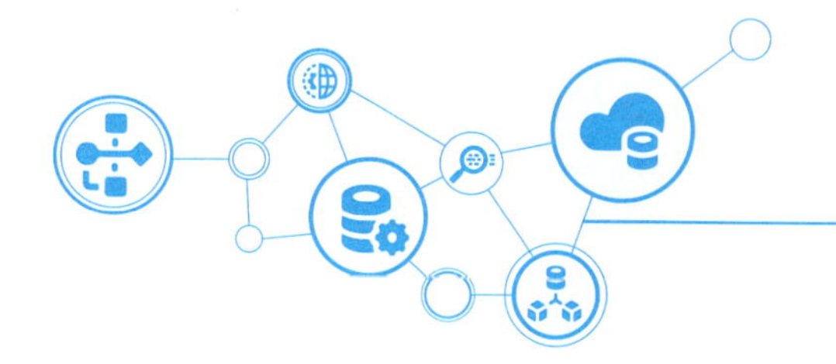

项目五 深入数据仓库

任务 熟悉数据仓库模型及规范

任务描述

在项目一中对数据仓库的基本概念进行了初步解释，在本任务中，将继续深入学习数据仓库，包括数据模型、数据仓库架构。在学习本项目时，读者要将前面学习的 Hive 知识联系起来，尝试使用 Hive 及其他工具来搭建数据仓库。

任务目标

扫一扫

数据模型

- 了解数据模型的概念。
- 熟悉数据模型的种类。
- 熟悉数据仓库的架构及搭建技巧。

任务实施

一、数据模型的概念

数据(data)是描述事物的符号记录。模型(model)是现实世界的抽象。数据模型(data model)是数据特征的抽象，是数据库管理的教学形式框架。数据库系统中用以提供信息表示和操作手段的形式构架。

数据模型所描述的内容主要包括三个部分：数据结构、数据操作、数据约束。

(1)数据结构：数据模型中的数据结构主要描述数据的类型、内容、性质以及数据间的联系等。数据结构是数据模型的基础，数据操作和约束都建立在数据结构上。不同的数据结构具有不同的操作和约束。

(2)数据操作：数据模型中数据操作主要描述在相应的数据结构上的操作类型和操作方式。

(3)数据约束:数据模型中的数据约束主要描述数据结构内数据间的语法、词义联系、它们之间的制约和依存关系,以及数据动态变化的规则,以保证数据的正确、有效和相容。

数据模型按不同的应用层次分为三种类型:概念数据模型、逻辑数据模型、物理数据模型。

(1)概念数据模型(conceptual data model):简称概念模型,是面向数据库用户的现实世界的模型,主要用来描述世界的概念化结构,它使数据库的设计人员在设计的初始阶段,摆脱计算机系统及 DBMS 的具体技术问题,集中精力分析数据以及数据之间的联系等,与具体的数据管理系统(database management system,DBMS)无关。概念数据模型必须换成逻辑数据模型,才能在 DBMS 中实现。在概念数据模型中最常用的是 E-R 模型、扩充的 E-R 模型、面向对象模型及谓词模型。

(2)逻辑数据模型(logical data model):简称数据模型,这是用户从数据库所看到的模型,是具体的 DBMS 所支持的数据模型,此模型既要面向用户,又要面向系统,主要用于数据库管理系统的实现。

(3)物理数据模型(physical data model):简称物理模型,是面向计算机物理表示的模型,描述了数据在存储介质上的组织结构,它不但与具体的 DBMS 有关,而且还与操作系统和硬件有关。每一种逻辑数据模型在实现时都有其对应的物理数据模型。DBMS 为了保证其独立性与可移植性,大部分物理数据模型的实现工作由系统自动完成,而设计者只设计索引、聚集等特殊结构。

随着数据库学科的发展,数据模型的概念也逐渐深入和完善。早期,一般仅把数据模型理解为数据结构。其后,在一些数据库系统中,则把数据模型归结为数据的逻辑结构、物理配置、存取路径和完整性约束条件等四个方面。现代数据模型的概念,则认为数据结构只是数据模型的组成成分之一。数据的物理配置和存取路径是关于数据存储的概念,不属于数据模型的内容。此外,数据模型不仅应该提供数据表示的手段,还应该提供数据操作的类型和方法,因为数据库不是静态的而是动态的。因此,数据模型还包括数据操作部分。

二、三种重要的数据模型

数据库的类型是根据数据模型来划分的,而任何一个 DBMS 也是根据数据模型有针对性地设计出来的,这就意味着必须把数据库组织成符合 DBMS 规定的数据模型。目前成熟地应用在数据库系统中的数据模型有层次模型、网状模型和关系模型,其中应用最广泛的是关系模型。它们之间的根本区别在于数据之间联系的表示方式不同(即记录型之间的联系方式不同)。层次模型以树结构表示数据之间的联系;网状模型是以图结构来表示数据之间的联系;关系模型用二维表(或称为关系)来表示数据之间的联系。

(一)层次模型

层次模型(hierchical)是数据库系统最早使用的一种模型,它的特点是将数据组织成一对多关系的结构。它的数据结构是一棵“有向树”。根结点在最上端,层次最高,子结点在下,逐层排列。层次结构采用关键字来访问其中每一层次的每一部分。层次模型的特征是:有且仅有一个结点没有父结点,它就是根结点;其他结点有且仅有一个父结点。图 5-1、图 5-2 所示为一个系教务管理层次数据模型,图 5-1 所示为实体之间的联系,图 5-2 所示为实体型之间的联系。

层次模型的优缺点见表 5-1。

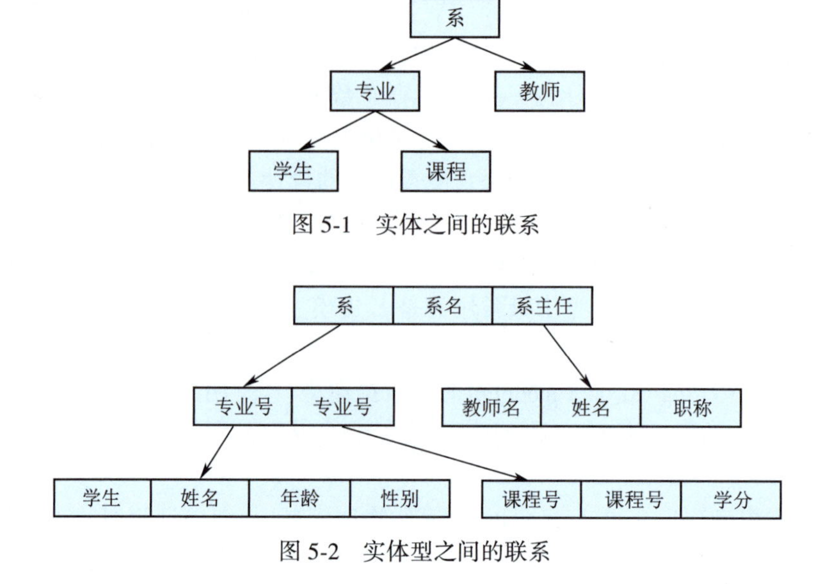

图 5-1　实体之间的联系

图 5-2　实体型之间的联系

表 5-1　层次模型优缺点

优　　点	缺　　点
存取方便且速度快 结构清晰,容易理解 数据修改和数据库扩展容易实现 检索关键属性十分方便	结构呆板,缺乏灵活性 同一属性数据要存储多次,数据冗余大(如公共边) 不适合于拓扑空间数据的组织

(二)网状模型

网状模型(network)用连接指令或指针来确定数据间的显式连接关系,是具有多对多类型的数据组织方式。网状模型以网状结构表示实体与实体之间的联系。网中的每一个结点代表一个记录类型,联系用链接指针来实现。网状模型可以表示多个从属关系的联系,也可以表示数据间的交叉关系,即数据间的横向关系与纵向关系,它是层次模型的扩展。网状模型可以方便地表示各种类型的联系,但结构复杂,实现的算法难以规范化。其特征是:允许结点有多于一个父结点;可以有一个以上的结点没有父结点。

如图 5-3 所示,学校里使用的教务管理系统就是一个非常经典的网状模型案例。

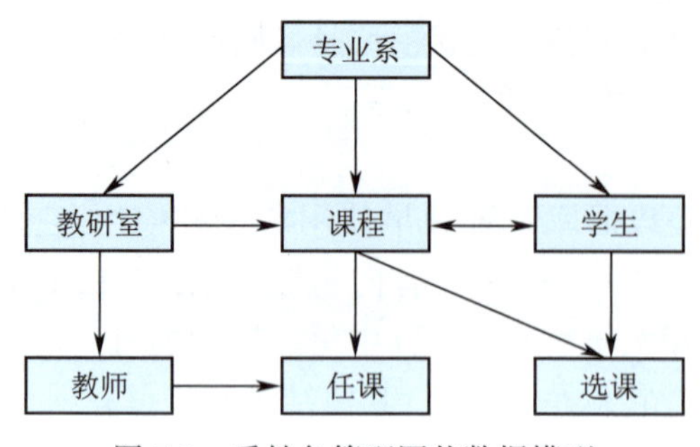

图 5-3　系教务管理网状数据模型

网状模型的优缺点见表 5-2。

表 5-2　网状模型的优缺点

优　点	缺　点
能明确而方便地表示数据间的复杂关系 数据冗余小	网状结构的复杂性，增加了用户查询和定位的困难。 需要存储数据间联系的指针，使得数据量增大 数据的修改不方便(指针必须修改)

(三)关系模型

关系模型(relation)是以记录组或数据表的形式组织数据，以便于利用各种地理实体与属性之间的关系进行存储和变换，不分层也无指针，是建立空间数据和属性数据之间关系的一种非常有效的数据组织方法。

关系模型以二维表结构来表示实体与实体之间的联系，它是以关系数学理论为基础的。关系模型的数据结构是一个二维表框架组成的集合。每个二维表又可称为关系。在关系模型中，操作的对象和结果都是二维表。关系模型是目前最流行的数据库模型之一。支持关系模型的数据库管理系统称为关系数据库管理系统，如 Access。图 5-4 所示为一个简单的关系模型，关系名称分别为教师关系和课程关系，每个关系均含 3 个元组，其主码均为“教师编号”。

教师关系框架

教师编号	姓名	性别	所在院名

课程关系框架

课程号	课程名	教师编号	上课教室

(a)关系模型

教师关系

教师编号	姓名	性别	所在院系名
1000001	张三	男	计算机学院
1000002	李四	男	法学院
1000003	王红	女	法学院

课程关系

课程号	课程名	教师编号	上课教室
001	软件工程	1000001	A401
002	宪法	1000002	A402
003	民法	1000003	A403

(b)两个关联模型之间的关系

图 5-4　关系模型示例图

关系模型的优缺点见表 5-3。

表 5-3　关系模型优缺点

优　点	缺　点
结构特别灵活，满足所有布尔逻辑运算和数学运算规则形成的查询要求 能搜索、组合和比较不同类型的数据 增加和删除数据非常方便	数据库大时，查找满足特定关系的数据费时 对空间关系无法满足

三、数据仓库架构

首先回顾一下本书有关数据仓库的内容。数据仓库将多数据源中的数据整合到一起，进行数据分析，此时数据仓库对多种业务数据进行筛选和整合，可以用于数据分析、数据挖掘、数据报表等。数据仓库的特点有：

扫一扫

数据仓库架构(1)

扫一扫

数据仓库架构(2)

(1)主题性:数据仓库是针对某个主题来进行组织,比如嘀嗒出行,司机行为分析就是一个主题,所以可以将多种不同的数据源进行整合。而传统的数据库主要针对某个项目而言,数据相对分散和孤立。

(2)集成性:数据仓库需要将多个数据源的数据存到一起,但是这些数据以前的存储方式不同,所以需要经过抽取、清洗、转换。

(3)稳定性:保存的数据是一系列历史快照,不允许修改,只能分析。

(4)时变性:会定期接收到新的数据,反映最新的数据变化。

图 5-5 所示为数据仓库的逻辑分层架构。

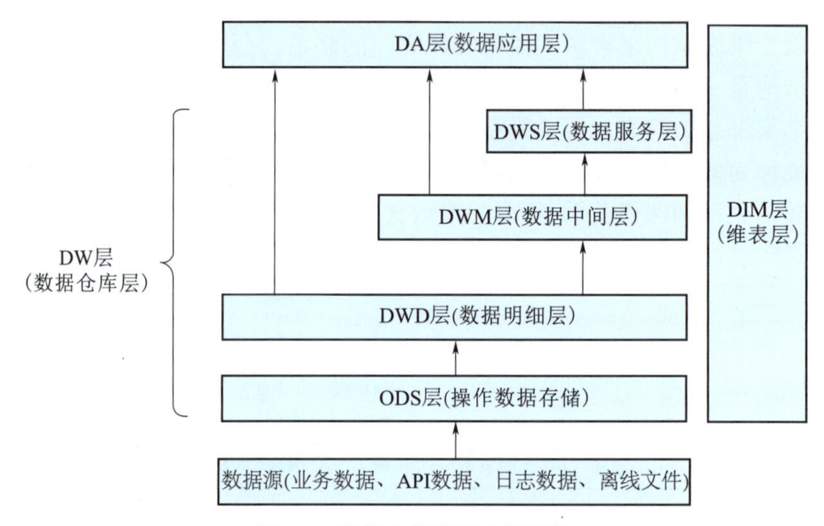

图 5-5　数据仓库逻辑分层架构

想看懂数据仓库的逻辑分层架构,必须先弄懂数据仓库每层的概念和作用。

(1)数据源:数据源是数据仓库的基础,即系统的数据来源,通常包含企业的各种内部信息和外部信息,如来自业务系统、API、日志、离线文件的数据。

(2)ODS 层(operational data store,操作数据存储层):数据仓库源头系统的数据表通常会原封不动地存储一份,这一层就被称为 ODS 层,ODS 层也经常会被称为准备区。这一层是最接近数据源中数据的一层,且 ODS 层的数据和源系统的数据是同构的,从数据源抽取数据时,一般将这些数据分为全量更新和增量更新,在这个过程中一般会做一些简单的清洗,比如清理数据中的异常数据、重复数据,对字段进行规范化操作等。

(3)DW 层(data warehouse,数据仓库层):数据仓库层是数据仓库的主体。这一层和维度建模会有比较深的联系,在这里,从 ODS 层中获得的数据按照主题建立各种数据模型。ODS 层到 DW 层的 ETL 脚本会根据业务需求对数据进行清洗、设计,如果没有业务需求,则根据源系统的数据结构和未来的规划去做处理,对这层的数据要求是一致、准确、完整。DW 层又可以细分为以下三层:

①DWD 层(data warehouse detail,数据明细层):该层的主要功能是基于主题域的划分,面向业务主题,以数据为驱动设计模型完成数据整合,提供统一的基础数据来源。在该层级完成数据的清洗、重定义、整合分类功能。

②DWM 层(data warehouse Middle,数据中间层):DWM 层是数据仓库中 DWD 层和 DWS 层

之间的一个过渡层次,是对 DWD 层的生产数据进行轻度综合和汇总统计。提升公共指标的复用性,减少重复加工。在实际计算中,如果直接从 DWD 层或者 ODS 层计算出宽表的统计指标,会存在计算量太大并且维度太少的问题,因此一般的做法是,在 DWM 层先计算出多个小的中间表,然后再拼接成一张 DWS 的宽表。由于宽和窄的界限不易界定,也可以去掉 DWM 这一层,只留 DWS 层,将所有的数据再放在 DWS 层亦可。

③DWS 层(data warehouse service,数据服务层):又称数据集市或宽表。按照业务划分,如流量、订单、用户等,生成字段比较多的宽表,用于提供后续的业务查询、OLAP 分析、数据分发等,提供给各个应用。例如,从 ODS 层中对用户的行为做一个初步汇总,抽象出来一些通用的维度(时间、ip、id),并根据这些维度做一些统计值,比如统计用户每个时间段在不同 ip 登录购买的商品数等。这里做一层轻度的汇总会让计算更加高效。

(4)DA 层(data application,数据应用层):DA 层数据更多地面向业务个性化应用和主题类的数据需求。DA 层面向特定产品或业务应用需求结合业务特点进行模型设计,DA 层的数据通常是干净、一致和可用的,它可以帮助用户更好地理解企业的业务情况,做出更好的决策。

(5)DIM 层(dimension,维表层)维表层主要包含高基数维度数据和低基数维度数据两部分,前者一般是用户资料表、商品资料表类似的资料表。数据量可能是千万级或者上亿级别。后者一般是配置表,比如枚举值对应的中文含义,或者日期维表。数据量可能是个位数或者千、万级别。

(一)数据采集

数据采集层的任务主要是把数据从各种数据源中采集和存储到数据存储上,其间有可能会做一些 ETL 操作。数据源种类可以有多种:

(1)日志:所占份额最大,存储在备份服务器上。

(2)业务数据库:如 MySQL、Oracle。

(3)来自 HTTP/FTP 的数据:合作伙伴提供的接口。

(4)其他数据源:如 Excel 等需要手工录入的数据。

(二)数据存储与分析

随着业务规模不断扩张,产生的数据也越来越多,一些大公司每天产生的数据量都在 PB 级别,传统的数据库已经不能满足存储要求,目前 HDFS 是大数据环境下数据仓库/数据平台较完美的数据存储解决方案之一。

对于离线数据的分析与计算,也就是对实时性要求不高的部分,Hive 还是首当其冲的选择。Hive 具有丰富的数据类型、内置函数,也有压缩比非常高的 ORC 文件存储格式及非常方便的 SQL 支持,使其在基于结构化数据上的统计分析远比 MapReduce 高效,一句 SQL 可以完成的需求,而开发 MapReduce 可能需要上百行代码。当然,使用 Hadoop 框架自然也提供了 MapReduce 接口,如果真的很擅长开发 Java,或者对 SQL 不熟,也可以使用 MapReduce 来做分析与计算。

(三)数据共享

这里的数据共享指的是前面数据分析与计算后的结果存放的地方,也就是关系型数据库和 NoSQL 数据库。前面使用 Hive、MapReduce、Spark、SparkSQL 分析和计算的结果还是存储在 HDFS 上,但大多业务和应用不可能直接从 HDFS 上获取数据,那么就需要一个数据共享的地方,使得各业务和产品能方便地获取数据。和数据采集层到 HDFS 刚好相反,这里需要一个从

HDFS 将数据同步至其他目标数据源的工具，同样，DataX 也可以满足。

另外，一些实时计算的结果数据可能由实时计算模块直接写入数据共享。

(四) 维度建模

维度建模是专门用于分析型数据库、数据仓库、数据集市建模的方法。这里涉及两个基本的名词：维度、事实。

(1) 维度：维度是维度建模的基础和灵魂，在维度建模中，将环境描述为维度，维度是用于分析事实所需的多样环境。例如，在分析交易过程中，可以通过买家、卖家、商品和时间等维度描述交易发生的环境。

(2) 事实：事实表作为数据仓库维度建模的核心，紧紧围绕着业务过程来设计，通过获取描述业务过程的度量来表达业务过程，包含了引用的维度和与业务过程有关的度量。事实表中一条记录所表达的业务细节被称为粒度。通常粒度可以通过维度属性组合所表示的细节程度和所表示的具体业务含义两种方式来表述。

简单地说，维度表就是观察该事物的角度（维度），事实表就是要关注的内容。例如用户使用嘀嗒打车，那么打车这件事就可以转化为一个事实表，即打车订单事实表，然后用户对应一张用户维度表，司机对应一张司机维度表。

扫一扫

维度表和事实表的设计

1. 维度建模的三种模型

(1) 星型模型

星型模型架构是一种非正规化的结构，特点是有一张事实表，多张维度表。它是不存在渐变维度的，事实表和维度表通过 PK-FK（PK，primary key，主键；FK，foreign key，外键）相关联，维度表之间是没有关联，因为维度表的数据冗余，所以统计查询时不需要做过多外部连接，如图 5-6 所示。

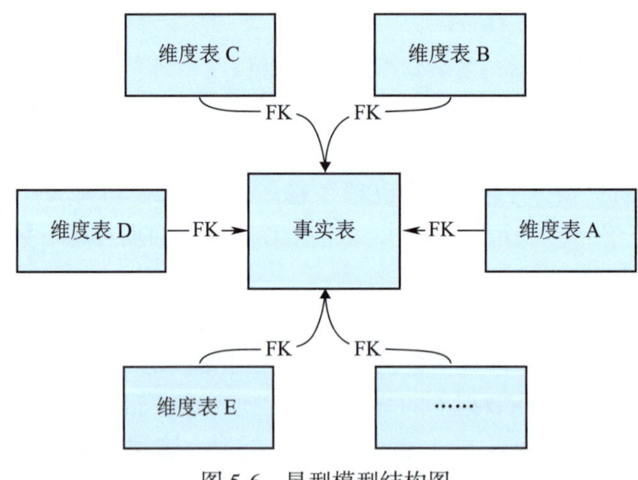

图 5-6　星型模型结构图

(2) 雪花模型

雪花模型架构就是将星型模型中的某些维度表抽取成更细粒度的维度表，然后让维度表之间也进行关联，通过最大限度地减少数据存储量以及联合较小的维度表来改善查询性能。

图 5-7 所示为使用雪花模型进行维度建模的关系结构。

星型模式中的维度表相对雪花模型来说要大，而且不满足规范化设计。雪花模型相当于将

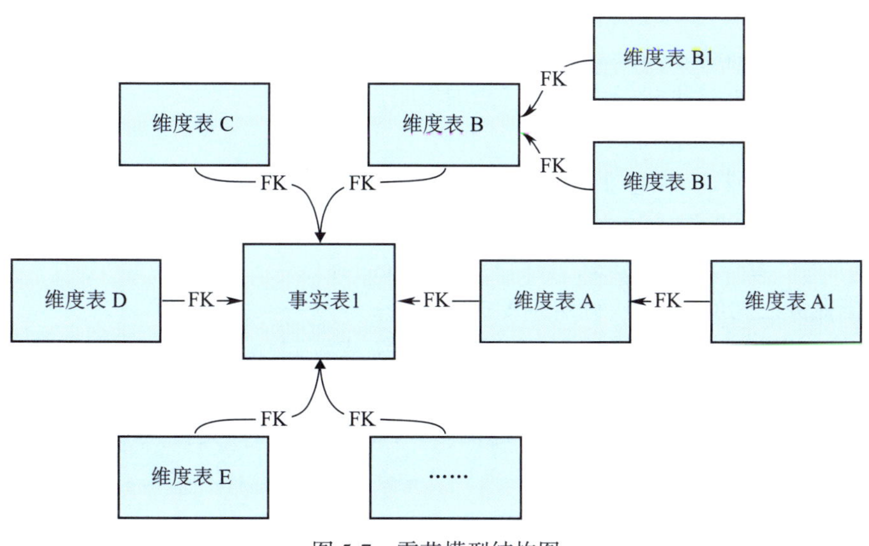

图 5-7 雪花模型结构图

星型模式的大维度表拆分成小维度表,满足了规范化设计。然而这种模型在实际应用中很少见,因为这样做会导致开发难度增大,而数据冗余问题在数据仓库里并不严重。

(3)星座模型

数据仓库由多个主题构成,包含多个事实表,而维度表是公共的,可以共享,这种模型可以看作星型模式的汇集,如图 5-8 所示。

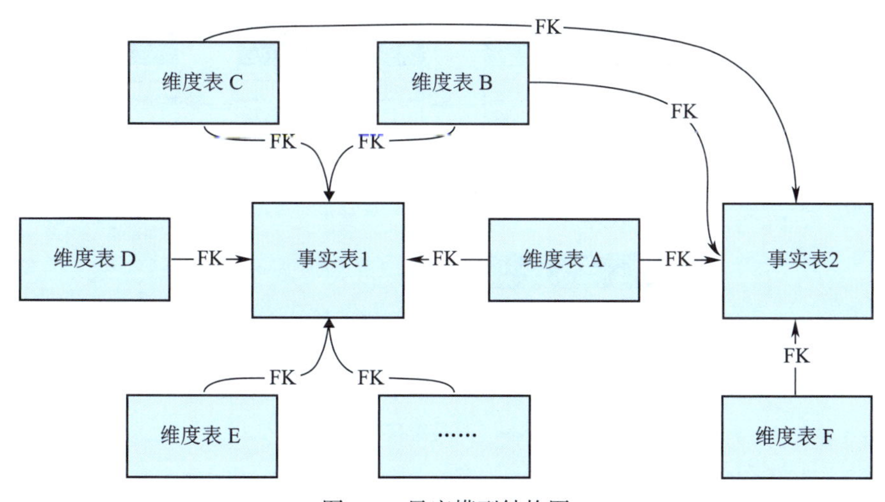

图 5-8 星座模型结构图

事实上,星座模型是数据仓库最常使用的数据模型,尤其是在企业级数据仓库(EDW)中。这也是数据仓库区别于数据集市的一个典型的特征,从根本上而言,数据仓库数据模型的模式更多是为了避免冗余和数据复用,套用现成的模式,是设计数据仓库最合理的选择。

2. 维度表设计

维度表的设计过程就是确定维度属性的过程,如何生成维度属性,以及所生成维度属性的优劣,决定了维度使用的方便性,成为数据仓库易用性的关键。

数据仓库的能力直接与维度属性的质量和深度成正比。

3. 维度表基本设计方法

以商品维度为例对维度设计方法进行详细说明。

(1)确定维度,使其具备唯一性。

作为维度建模的核心,在企业级数据仓库中,必须保证维度的唯一性。

(2)确定描述维度的主表。

此处的主维度表一般是 ods 表,直接与业务系统同步。

(3)根据业务之间的关联性,确定维度的相关表。

数据仓库是业务系统的数据整合,不同业务系统或者同一业务系统中的表之间存在关联性,根据业务系统的梳理,确定哪些表和主维度表存在关联关系,并选择其中某些表用于生成维度属性。以商品维度为例,根据业务逻辑的梳理,可以得到商品与类目、sku、品牌等维度存在的关联关系。

(4)确定维度属性。

确定维度属性包含两个阶段,第一个阶段从主维度表中选择维度属性,第二阶段从相关维度表中选择维度属性。确定维度有以下原则:

①尽可能丰富的维度属性,为下游分析、统计提供良好的基础。

②维度属性提供编码+文字的描述,编码用于表关联,文字表示真正的标签。

③沉淀出通用的维度属性,这样可以减少下游使用的复杂度,以及避免下游口径不一致。

以商品维度为例,从主维度表和类目、sku、品牌等相关维度表中选择维度属性或者生成新的维度属性,如图 5-9 所示。该模式就属于雪花模型。

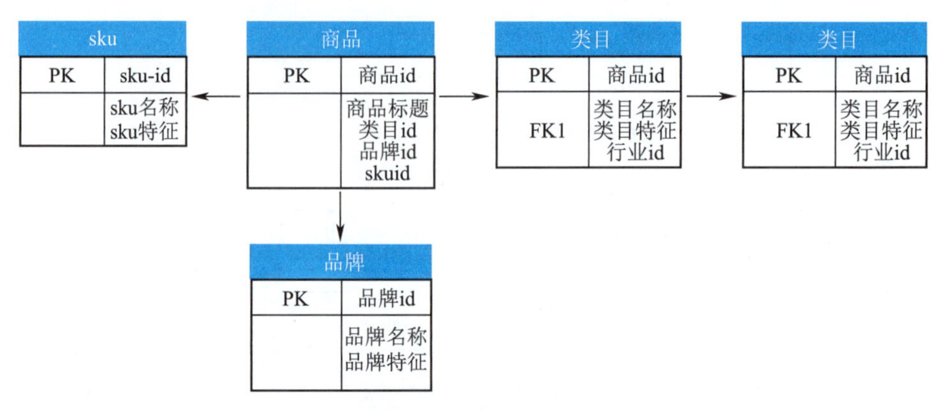

图 5-9　商品维度属性

对于商品维度,如果采用反规范化,将表现为图 5-10 所示的形式。

商品	
PK	商品id
	商品标题　类目名称　类目特征　行业名称　行业特征 品牌名称　品牌特征　sku 名称　sku 特征

图 5-10　商品维度属性反规范化

采用雪花模型，除了可以节约一部分存储之外，对于 OLAP 系统来说没有其他的效用。而现阶段存储的成本非常低。出于易用性和性能的考虑，维度表一般设计成不规范化的形式。在实际应用中，几乎总是使用维度表的空间来换取简明性和查询性能。

4. 事实表设计

任何类型的事件都可以被理解成一种事务。比如交易过程中的创建订单、买家付款，物流中的发货、签收、付款等。事务事实表是针对这些过程创建的一种事实表。

事实表作为数据仓库维度建模的核心，紧紧围绕着业务过程来设计，通过获取描述业务过程的度量来表达业务过程，包含了引用的维度和业务过程有关的度量。

相对维度表来说，事实表要细长得多，行的增加速度也比维度表快很多。事实表分为事务事实表、周期快照事实表、累计快照事实表三种类型。本书主要讨论事务事实表。

事实表设计原则及基本设计方法如下：

(1) 尽可能包括所有业务过程相关的事实。

(2) 只选择与业务过程相关的事实。

(3) 分解不可加事实为可加的组件。

(4) 选择维度和事实之前必须先声明粒度。

(5) 在同一个事实表中不可以有多重不同粒度的事实。

(6) 事实的单位要保持一致。

(7) 对事实的 null 值要处理。

(8) 使用退化维提高事实表的易用性。

5. 事务事实表的一般设计过程

下面以店铺交易事务为例，阐述事务事实表的一般设计过程。

(1) 选择业务过程及确定事实表类型

交易的过程分为创建订单、买家付款、卖家发货、买家确认收货，即下单、支付、发货和成功完结四个业务过程。Kimball 维度建模理论认为，为了便于进行独立的分析研究，应该为每一个业务过程建立一个事实表。

(2) 声明粒度

业务过程选定之后，就要为每个业务过程确定(声明)一个粒度，即确定事实表每一行所表达的细节层次。需要为四个业务过程确定粒度，其中下单、支付和成功完结选择交易子订单粒度，即每个子订单为事实表的一行，买家收货的粒度为物流单。

(3) 确定维度

完成粒度声明以后，也就意味着确定了主键，其对应的维度组合以及相关的维度字段就可以确定了，应该选择能够描述清楚业务过程所处的环境的维度信息。在店铺交易事实表设计过程中，按照经常用于统计分析的场景，维度可分为买家、卖家、店铺、商品、发货地区、收货地区、类目、杂项以及父订单维度。

(4) 确定事实

作为过程度量的核心，事实表应该包含与其描述过程有关的所有事实。以店铺交易事实表为例，选定三个业务过程：下单、支付、成功完结，不同的业务过程有不同的事实。比如在下单业务过程中，需要包含下单金额、下单数量、下单分摊金额。

经过以上四个步骤的设计过程，事务事实表即可成型，如图 5-11 所示。

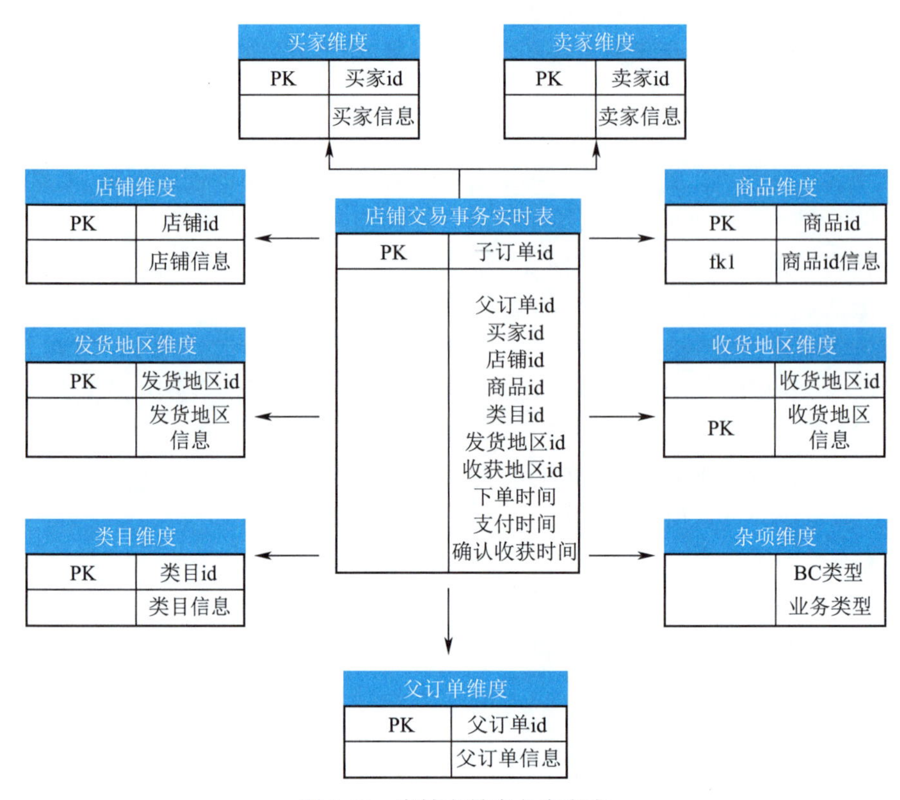

图 5-11　店铺交易事务事实表

Kimball 维度建模理论建议在事实表中只保留这个维度表的外键，但是在实际应用中，可以将店铺维度、商品维度、商品属性、类目属性冗余到事实表中，提高对事实表的过滤查询，减少表之间的关联次数，加快查询速度，该操作称为退化维。

经过以上操作，基本完成了店铺交易事务事实表的设计工作。

（五）表命名规范

无规矩不成方圆，在搭建数据仓库时，需要预先制订好各种规范，并监督开发人员按照约定执行，一旦不遵循规范，想要再次统一或者重构数据仓库就会非常困难，会大大浪费人力和时间成本，接下来我们将介绍数据仓库中表的命名规范。

前面的内容中已经介绍过数据仓库中各个层级的名称以及缩写，因此数据仓库的库命名规范也可以沿用该层级缩写，见表 5-4。通常情况下，创建这些库后就可以构建数据仓库了。

表 5-4　库命名规范

库命名	库描述	层命名	命名备注
ods	数据运营层	ODS	ods_开头
dwd	数据明细层	DWD	dwd_开头
dws	数据服务层	DWS	dws_开头

续表

库命名	库描述	层命名	命名备注
da	数据应用层	DA	da_开头
dim	维表层	DIM	dim_开头
temp	临时数据处理层	temp	temp_开头

创建好库后，应如何判断哪些表该放在哪个库中呢？如图 5-12 所示，以商业公司为例，可以按照以下流程来判断各个表在数据仓库中所处的层级：首先判断这个表的用途，是业务数据/日志接入数据、中间表还是业务输出数据，如果是中间表，那么判断该表是否需要分组操作，如果不需要就导入 DWD 层，需要的话就需要判断表是否是多个行为表的汇总表（宽表）。最后加上事业群、部门、业务线、自定义名称和更新频率等信息即可。

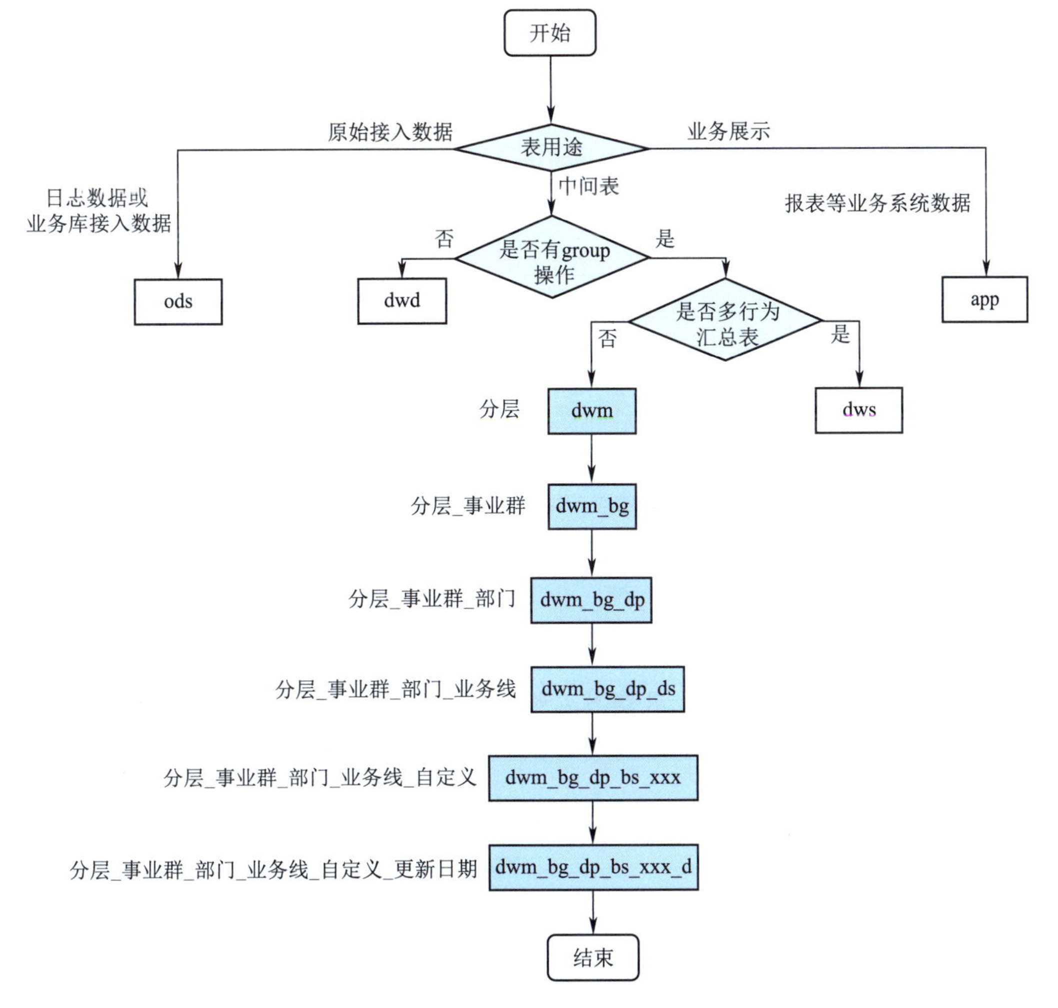

图 5-12　数据仓库各表命名规范示例

各个库中的表命名规范如下：

1. ODS 层表命名规范(见表 5-5)

表 5-5　ODS 层表命名规范

<table>
<tr><th>表名规范</th><th colspan="2">ods_来源类型[业务|系统]_业务表名_装载策略_装载周期</th></tr>
<tr><td>示例</td><td colspan="2">ods. ods_lqyk_logs_daily_logs_i_d</td></tr>
<tr><td rowspan="6">规范说明</td><td>存储库名</td><td>ods</td></tr>
<tr><td>来源类型</td><td>如:database(db)、HTTP(api)、rsync log(rsync)、Hive(LayerName)</td></tr>
<tr><td>项目编码</td><td>一般指业务系统简称编码</td></tr>
<tr><td>业务表名</td><td>与数据来源一致,以避免造成歧义,有分表则去除分表规则,目标添加 source_table 字段区分来源表名</td></tr>
<tr><td>装载策略</td><td>增量(i)、全量(f)、快照(s)、拉链(h)</td></tr>
<tr><td>装载周期</td><td>根据实际装载周期确定。实时(rt)、小时(h)、天(d)、周(w)、月(m)、季(q)、年(y)、一次性任务(o)、无周期(n)</td></tr>
</table>

2. DWD 层表命名规范(见表 5-6)。

表 5-6　ODS 层表命名规范

<table>
<tr><th>表名规范</th><th colspan="2">dwd_一级数据域_二级数据域[_业务过程]_业务描述_装载策略_装载周期</th></tr>
<tr><td>示例</td><td colspan="2">dwd. dwd_lqyk_logs_app_click_info_i_d</td></tr>
<tr><td rowspan="7">规范说明</td><td>存储库名</td><td>dwd</td></tr>
<tr><td>一级数据域</td><td>用户域、内容域、日志域、财务域、互动域、服务域等</td></tr>
<tr><td>二级数据域</td><td>移动端、web 端、会员等,统一定义</td></tr>
<tr><td>业务过程</td><td>曝光、点击、浏览、注册、登录、注销等,统一定义</td></tr>
<tr><td>业务描述</td><td>描述业务内容</td></tr>
<tr><td>装载策略</td><td>增量(i)、全量(f)、快照(s)、拉链(h)</td></tr>
<tr><td>装载周期</td><td>根据实际装载周期确定。实时(rt)、小时(h)、天(d)、周(w)、月(m)、季(q)、年(y)、一次性任务(o)、无周期(n)</td></tr>
</table>

3. DWS 层表命名规范(见表 5-7)。

表 5-7　DWS 层表命名规范

<table>
<tr><th>表名规范</th><th colspan="2">dws_一级数据域_二级数据域_数据粒度_业务描述_统计周期</th></tr>
<tr><td>示例</td><td colspan="2">dws. dws_log_mbr_event_info_1d</td></tr>
<tr><td rowspan="6">规范说明</td><td>存储库名</td><td>dws</td></tr>
<tr><td>一级数据域</td><td>用户域、内容域、日志域、财务域、互动域、服务域等</td></tr>
<tr><td>二级数据域</td><td>流量、渠道、会员、留存、事件等</td></tr>
<tr><td>数据粒度</td><td>描述业务数据粒度</td></tr>
<tr><td>业务描述</td><td>描述业务内容</td></tr>
<tr><td>统计周期</td><td>统计实际周期范围,默认情况下,离线计算应该包括最近一天(_1[h|d|w|m|q|y])、最近 N 天(_n[h|d|w|m|q|y])和历史截至当天(_t[h|d|w|m|q|y])三个表。小时(h)、天(d)、周(w)、月(m)、季(q)、年(y)</td></tr>
</table>

4. DA 层表命名规范(见表 5-8)。

表 5-8　DA 层表命名规范

表名规范	da_应用类型_业务主题_业务描述_统计周期 装载周期	
示例	da. da_rpt_channel_user_1d_d	
规范说明	存储库名	da
	应用类型	固定报表、分析报表、标签系统、用户画像、数据接口
	业务主题	看板、驾驶舱、ROI、渠道分析、漏斗分析、存留分析、活跃分析等
	业务描述	描述业务内容
	统计周期	统计实际周期范围,默认情况下,离线计算应该包括最近一天(_1[h|d|w|m|q|y])、最近 N 天(_n[h|d|w|m|q|y])和历史截至当天(_t[h|d|w|m|q|y])三个表。小时(h)、天(d)、周(w)、月(m)、季(q)、年(y)
	装载周期	根据实际装载周期确定。实时(rt)、小时(h)、天(d)、周(w)、月(m)、季(q)、年(y)、一次性任务(o)、无周期(n)

5. DIM 层表命名规范(见表 5-9)。

表 5-9　DIM 层表命名规范

表名规范	dim_应用类型_业务主题_业务描述_[层级_装载策略_装载周期]	
示例	dim. dim_pub_city_lvl、dim_pub_chl_i_h	
规范说明	存储库名	dim
	应用类型	公共、自定义
	业务主题	渠道、版本、产品、城市等
	业务描述	描述业务内容
	层级	层级(lvl)
	装载策略	增量(i)、全量(f)、快照(s)、拉链(h)
	装载周期	根据实际装载周期确定。实时(rt)、小时(h)、天(d)、周(w)、月(m)、季(q)、年(y)、一次性任务(o)、无周期(n)

6. 临时表命名规范

临时表主要作用是暂时保存数据以作测试,后续一般不再使用,可以随时删除。临时表命名规范见表 5-10。

表 5-10　TEMP 层表命名规范

表名规范	temp_目标表名_((数据日期[_数据小时])|(开始日期_结束日期))
示例	temp. temp_dwd_log_app_click_info_i_d_20230830(会话表) temp. temp_username_test_20230830_20230831(临时表)

续表

表名规范	temp_目标表名_((数据日期[_数据小时])|(开始日期_结束日期))	
规范说明	存储库名	temp
	目标表名	会话表:目标表名 临时表:业务描述
	数据日期	ETL 跑批日期、ETL 数据处理日期
	数据小时	ETL 跑批小时、ETL 数据处理小时
	开始日期	临时表有效开始时间
	结束日期	临时表有效结束时间

(六)字段命名规范

1. 通用规范

(1)命名全部采用小写、字母和数字构成,且只能以字母开头;不允许使用除数字、字母、下画线之外的特殊字符。

(2)命名应由能够准确反映其中文含义的英文单词或英文单词缩写构成,避免出现英文单词和汉语拼音混用的情况,尽量达到见字知意效果。

(3)命名长度尽量控制在 30 个字符以内,特殊字段除外。

(4)名称的各部分之间以"_"(下画线)连接。

(5)约定俗成的业务缩略词,可以由内部建立统一的"字典库"后,按照"字典库"的标准执行。

(6)实体名称作为前缀。

(7)字段属性的名称尽量保留实体的名称作为前缀,比如"channel_id/渠道编号"。

(8)除 ODS 层,不能使用"id/name/title"的无实体的名称;无实体含义的自增 id 除外。

(9)实体编号/名称带标识/名称(id/name)为强制规范,如 country_id,country_name; 不能以 country 命名。对于编号作为标识符的属性/列,一般统一命名为"××编号"的属性/列,后缀应是 id,如"渠道编号/channel_id"等。

正例:city_id, city_name, country_id, country_name, province_id, province_name, province_short_name, city_level(公共城市维度表)。

反例:id,name,country(公共城市维度表)。

2. 常用字段规范

(1)取值只有"是/否"的属性/列,中文名必须以"是否"开头,英文名前缀应是 is_,并且取值为 string 类型且必须满足"是(1)/否(0)";

正例:is_new_device(是否新增设备)。

反例:device_flag, device_type . . . 。

(2)日期类型的属性/列,后缀应是 dt,如"注册日期/reg_dt"等(register 简写);时间类型后缀应是 time,如"事件发生时间/event_time"等。

(3)一般的分类中文名用"类型",英文名用"type";大类中文名用"类别",英文名用"categ"(category 简写);如果遇到特殊的分类情况可以建立单独的分类关系实体,中文名用"分类",英文名用"class"。

3. 其他

(1)禁止使用关键字,如 desc、from、select、left、join、time 等,参考 Hive 官方保留字。

(2)禁止缩写英文单词的首字母的元音。

(3)表名、字段名必须使用小写字母或数字,必须以字母开头,禁止使用除数字、字母、下画线之外的特殊字符,禁止两个下画线中间只出现数字。

正例:create_time,create_name。

反例:ctime,cname。

(七)元数据管理

元数据通常定义为"关于数据的数据",在数据仓库中是定义和描述 DW/BI 系统的结构、操作和内容的所有信息。

元数据贯穿了数据仓库的整个生命周期,使用元数据驱动数据仓库的开发,使数据仓库自动化、可视化。

在操作数据仓库时,操作的都是元数据,而元数据分为技术元数据和业务元数据。

(1)业务元数据是为管理层和业务分析人员服务,从业务的角度描述数据,包括行业术语、数据的可用性、数据的意义等。常用的业务元数据有维度和属性、业务过程、指标等规范化定义的数据,用于更好地管理和使用数据。数据应用元数据、数据报表、数据产品等配置和运行元数据。

(2)技术元数据是指数据仓库开发、管理、维护相关的数据,描述了数据的原信息、转换描述、数据映射、访问权限等。常用的技术元数据有存储位置、数据模型、数据库表、字段长度、字段类型、ETL 脚本、SQL 脚本、接口程序、数据关系等。

元数据常用的存储方式有两种:一种是以数据集为基础,每一个数据集有对应的元数据文件,每一个元数据文件对应数据集的元数据内容;另一种是以数据库为基础,由若干项组成,每一项标识元数据的一个元素。

(八)任务调度与监控

在数据仓库建设中,有各种各样的程序和任务,比如:数据采集任务、数据同步任务、数据清洗任务、数据分析任务等。这些任务除了定时调度,还存在非常复杂的任务依赖关系。

例如,数据分析任务必须等相应的数据采集任务完成后才能开始;数据同步任务需要等数据分析任务完成后才能开始;这就需要一个非常完善的任务调度与监控系统,它作为数据仓库的中枢,负责调度和监控所有任务的分配与运行。

目前有的公司会自己开发调度工具,如中国平安(linkdu)。银行行业用得较多的调度工具是 Control-M。互联网公司主要选择 airflow 作为调度工具。具体采用哪种工具,可以根据公司的现状来定夺。

最后,数据仓库建设是一项综合性技术,而且当企业业务复杂的时候,这部分工作更是需要专门团队与业务方共同合作来完成。因此一个优秀的数据仓库建模团队既要有坚实的数据仓库建模技术,还要对现实业务有清晰、透彻的理解。另外,架构并不是技术越多越新越好,而是在可以满足需求的情况下,越简单越稳定越好。

任务小结

本任务深入讲解了数据仓库的构建方法,包括数据模型的概念、数据模型的种类、数据仓库架构。在实际搭建数据仓库时，读者要注意根据具体业务选择使用哪种模式去构建数据仓库，根据规范命名相应的表，万丈高楼平地起，只有把数据仓库的地基打牢，才能在后期维护中避免出现麻烦。

思考与练习

一、选择题

1. 数据模型描述的内容包括（　　）。（多选）

A. 数据结构　　B. 数据操作　　C. 算法模型　　D. 数据约束

2. 数据模型的类型包括（　　）。（多选）

A. 概念数据模型　　B. 应用数据模型　　C. 物理数据模型　　D. 逻辑数据模型

3. 概念数据模型常用的种类有（　　）。（多选）

A. E-R 模型　　B. 面向对象模型　　C. 谓词模型　　D. 层次模型

4. 维度建模的模型包括（　　）。（多选）

A. 星形模型　　B. 雪花模型　　C. 算法模型　　D. 星座模型

5. 数据汇聚层的命名规范是（　　）。

A. dm　　B. dwd　　C. dws　　D. ods

二、填空题

1. 层次模型的特点是____________。

2. ODS 层也经常被称为____________。

3. DWS 层的作用是____________。

4. 星型结构是一种____________结构。

5. 数据仓库最常用的数据模式是____________。

6. 事实表分为三种类型：____________、____________、____________。

三、判断题

1. 概念数据模型必须换成物理数据模型才能在 DBMS 中实现。（　　）

2. 数据库领域采用的数据模型有层次模型、网状模型和关系模型，其中应用最广泛的是关系模型。（　　）

3. 层次模型以“图结构”表示数据之间的联系。网状模型是以“树结构”来表示数据之间的联系。（　　）

4. 层次模型是数据库系统最早使用的一种模型，它的特点是将数据组织成多对多关系的结构。（　　）

5. 关系模型以二维表结构来表示实体与实体之间的联系，它是以关系数学理论为基础的。（　　）

6. 确定维度属性时，应该尽可能丰富维度属性。（　　）

7. 事实表中的单位不用保持一致。（　　）

四、简答题

1. 简述层次模型的优缺点。

2. 简述网状模型的优缺点。
3. 简述关系模型的优缺点。
4. 简述数据仓库的特点。
5. 简述数据仓库的逻辑分层架构及各自的用途。
6. 维度建模的两个基本元素是什么,两者的概念是什么?
7. 星型模型和雪花模型在架构上有什么联系?
8. 星座模型和星型模型在架构上有什么联系?
9. 简述维度表的设计步骤。
10. 简述数据仓库各层的命名规范。

项目六 Hive项目实战

任务 视频网站数据的清洗和分析

任务描述

本任务属于实战项目，读者要根据业务需求对视频数据集进行分析，得出相应的结果。本项目侧重于HiveQL的编写，希望读者能用尽量简洁明了的HiveQL完成。

扫一扫

视频网站数据的清洗和分析(1)

任务目标

- 清洗问题数据。
- 根据业务分析数据。

任务实施

一、数据来源

视频表格式见表6-1。

表6-1 视频表格式

列 名	注 释
视频ID	一个11位字符串，是唯一的
上传	一个字符串的视频上传者的用户名
年龄	视频上传日期和2007年2月15日之间的整数天
类别	由上传者选择的视频类别的字符串
长度	视频长度的整数
观看数	整数的视图
率	一个浮点数的视频速率
评分	整数的评分
评论数	整数的评论
相关视频ID	最多20个字符串的相关视频ID

数据之间采用“\t”作为分隔符。

具体数据见表 6-2。

表 6-2　视频表数据示例

video ID	uploader	age	category	length	views	rate	ratings	comments	related IDs
ifnlnji-Y4s	Hooran	1162	Travel & Events	239	189	4.8	10	3	tpAL3I0urI4 . . . ifnlnji-Y4s

用户表格式见表 6-3。

表 6-3　用户表格式

列名	uploader	videos	friends
类型	string	int	int
解释	上传者	上传视频数	朋友数

二、数据清洗

数据清洗主要的问题在于 category 和 relatedIDs 处理，由于 Hive 支持 array 格式，所以可以使用 array 来存储 category 和 relatedIDs，但是由于 category 的分割符是 & 而 realatedIDs 的分隔符是\t，在创建表格的时候能够指定 array 的分隔符，但是只能指定一个，所以再将数据导入 Hive 表格之前需要对数据进行一定转换和清洗。

（一）ETLUtil 类

首先在 Eclipse 中创建项目 MapreduceExample，导入依赖包列表，这些 JAR 包位于 Hadoop 安装目录的/share/hadoop 目录下，具体如下：

- /usr/local/hadoop/share/hadoop/common 目录中的 hadoop-common-2. 7. 1. jar 和 hadoop-nfs-2. 7. 1. jar
- /usr/local/hadoop/share/hadoop/common/lib 目录中所有 JAR 包。可以用【Ctrl+A】组合键全选。
- /usr/local/hadoop/share/hadoop/mapreduce 目录中的所有 JAR 包。可以用【Ctrl+A】组合键全选。
- /usr/local/hadoop/share/hadoop/mapreduce/lib 目录中所有 JAR 包。可以用【Ctrl+A】组合键全选。

项目创建成功后，创建 package 名称 VideoETL，新建 ETLUtil 类，代码如下：

```
package VideoETL;

public class ETLUtil {
public static String oriString2ETLString(String ori){
    StringBuilder etlString = new StringBuilder();
        String[] splits = ori.split("\t");
```

```
        if(splits.length<9) return null;
        s       plits[3]=splits[3].replace(" ", "");
        for(int i=0; i<splits.length; i++){
            if(i<9){
                if(i==splits.length-1){
                    etlString.append(splits[i]);
                }else{
                    etlString.append(splits[i]+"\t");
                }
            }else{
                if(i==splits.length-1){
                    etlString.append(splits[i]);
                }else{
                    etlString.append(splits[i]+"&");
                }
            }
        }
    return etlString.toString();
    }
}
```

（二）Mapper 类

编写 Mapper 类，具体实现代码如下：

```
    package VideoETL;

    import java.io.IOException;
    import org.apache.commons.lang.StringUtils;
    import org.apache.hadoop.io.NullWritable;
    import org.apache.hadoop.io.Text;
    import org.apache.hadoop.mapreduce.Mapper;
    import VideoETL.ETLUtil;
    public class VideoETLMapper extends Mapper<Object, Text, NullWritable, Text>{
Text text=new Text();
    @ Override
    protected void map(Object key, Text value, Context context) throws IOException,
InterruptedException {
    String etlString = ETLUtil. oriString2ETLString ( value. toString ( )); if
(StringUtils.isBlank(etlString)) return;
    text.set(etlString); context.write(NullWritable.get(), text);
    }
    }
```

（三）Runner 类

编写 Runner 类，具体实现代码如下：

```
package VideoETL;

import java.io.IOException;
import org.apache.hadoop.conf.Configuration;
import org.apache.hadoop.fs.FileSystem;
import org.apache.hadoop.fs.Path;
import org.apache.hadoop.io.NullWritable;
import org.apache.hadoop.io.Text;
import org.apache.hadoop.mapreduce.Job;
import org.apache.hadoop.mapreduce.lib.input.FileInputFormat;
import org.apache.hadoop.mapreduce.lib.output.FileOutputFormat;
import org.apache.hadoop.util.Tool;
import org.apache.hadoop.util.ToolRunner;
public class VideoETLRunnerimplements Tool {
private Configuration conf = null;

@ Override
public void setConf(Configuration conf) {
    this.conf = conf;
}

@ Override
public Configuration getConf() {

    return this.conf;
}

@ Override
public int run(String[] args) throws Exception {
    conf = this.getConf();
    conf.set("inpath", args[0]);
    conf.set("outpath", args[1]);
    Job job = Job.getInstance(conf, "video-etl");

    job.setJarByClass(VideoETLRunner.class);
    job.setMapperClass(VideoETLMapper.class);
    job.setMapOutputKeyClass(NullWritable.class);
    job.setMapOutputValueClass(Text.class);
    job.setNumReduceTasks(0);

    this.initJobInputPath(job);
    this.initJobOutputPath(job);


    return job.waitForCompletion(true) ? 0 : 1;
```

```
    }

    private void initJobOutputPath(Job job) throws IOException {
        Configuration conf = job.getConfiguration();
        String outPathString = conf.get("outpath");

        FileSystem fs = FileSystem.get(conf);

        Path outPath = new Path(outPathString);
        if(fs.exists(outPath)){
            fs.delete(outPath, true);
        }

        FileOutputFormat.setOutputPath(job, outPath);

    }
    private void initJobInputPath(Job job) throws IOException {
        Configuration conf = job.getConfiguration();
        String inPathString = conf.get("inpath");

        FileSystem fs = FileSystem.get(conf);

        Path inPath = new Path(inPathString);
        if(fs.exists(inPath)){
        FileInputFormat.addInputPath(job, inPath);
    }else{
        throw new RuntimeException("HDFS 中该文件目录不存在:" + inPathString);
      }
    }
    public static void main(String[] args) {
        try {
            int resultCode = ToolRunner.run(new VideoETLRunner(), args);
            if(resultCode == 0){
                System.out.println("Success!");
            }else{
            System.out.println("Fail!");
        }
        System.exit(resultCode);
        } catch (Exception e) {
            e.printStackTrace();
            System.exit(1);
          }
        }
    }
```

（四）执行 ETL

将待清洗的数据（视频表文件，非用户表文件）通过 FTP 工具传输到 Linux 目录“/opt/module/datas/080327/”下，用户表文件传输到“/opt/module/datas/080327user/下”。

将待清洗的数据上传至 HDFS，命令如下：

```
[root@ localhost hadoop]# hdfs dfs -mkdir -p /video/080327/
[root@ localhost hadoop]# hdfs dfs -mkdir-p /output/080327/
[root @ localhost hadoop] # hdfs dfs -put /opt/module/datas/080327/* /video/080327/
```

将用户表文件上传至 HDFS，命令如下：

```
[root@ localhost hadoop]# hdfs dfs -mkdir -p/user/
[root@ localhost hadoop]# hdfs dfs -put /opt/module/datas/080327user/* /user/
```

将编写好的代码打包为 VideoETL.jar，放入/opt/module/myapp/文件夹，运行 jar 包，命令如下：

```
[root@ localhost hadoop]# cd /usr/local/hadoop
[root@ localhost hadoop]# bin/hadoop jar /opt/module/myapp/VideoETL.jar /Video/video/080327///Video/output/080327/
```

等待程序运行完成即可，这时可以在 HDFS 的 Web 界面上查看清洗完成的数据。

扫一扫

视频网站数据的清洗和分析（2）

三、创建表

在导入清洗好的数据前，要在 Hive 中建好四张表，分别是 video_ori、video_user_ori、video_orc、video_user_orc。首先把清洗好的原始数据导入 ori 表中，然后再向 orc 表中插入数据。

（1）video_ori：

```
create table video_ori(
    videoId string
    uploader string,
    age int,
    category array<string>,
    length int,
    views int,
    ratings int,
    comments int,
    relatedldarray<string>)
row format deliited
fieds termnated by"\t"
colection items termnated by"&"
stoted as textfile;
```

（2）video_user_ori：

```
create table video_user_ori(
      uploader string,
      videos int,
```

```
friends int)
clustered by (uploader) into 24buckets
row format delimited
fields terminated by "\t"
stored as textfile;
```

(3) video_orc:

```
create table video_orc(
        videoId string,
        uploader string,
        age int,
        category array<string>,
        length int,
        views int,
        rate float,
        rating sint,
        comments int,
        relatedId array<string>)
clustered by (uploader) into 8 buckets
row format delimited fields terminated by "\t"
collection items terminated by "&"
stored as orc;
```

(4) video_user_orc:

```
create table video_user_orc(
        uploader string,
        videos int,
        friends int)
        clustered by (uploader) into 24 buckets
row format delimited
fields terminated by "\t"
stored as orc;
```

四、导入 ETL 后的数据

(1) video_ori:

```
load data inpath "/video/output/080327/* " into table video_ori;
```

(2) video_user_ori:

```
load data inpath "/video/user/* " into table video_user_ori;
```

五、向 ORC 表插入数据

(1) video_orc:

```
insert into table video_orc select *  from video_ori;
```

(2) video_user_orc:

```
insert into table video_user_orc select *  from video_user_ori;
```

六、业务分析

扫一扫

视频网站数据的清洗和分析(3)

(一)统计视频观看次数 Top10

实现思路:使用 order by 按照 views 字段做一个全局排序即可,同时设置只显示前 10 条。

最终代码如下:

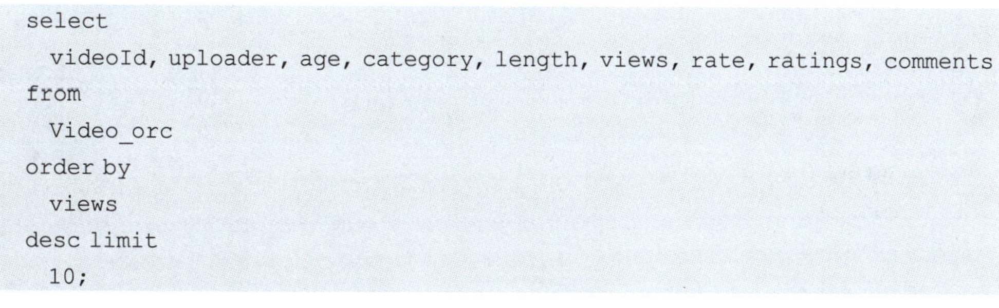

```
select
  videoId, uploader, age, category, length, views, rate, ratings, comments
from
  Video_orc
order by
  views
desc limit
  10;
```

(二)统计视频类别热度 Top10

实现思路如下:

(1)按照类别分组聚合,然后计数组内的 videoId 个数。

(2)因为当前表结构为一个视频对应一个或多个类别。所以如果要分组类别,需要先将类别进行列转行(展开),然后再进行计数。

(3)按照热度排序,显示前 10 条。

最终代码如下:

```
select
    category_name as category,
    count(t1.videoId) as hot
from (
    select
        videoId, category_name
    from
        video_orc lateral view explode(category) t_catetory as category_name) t1
group by
    t1.category_name
order by
    hot
desc limit
    10;
```

(三)统计出视频观看次数最高的 20 个视频的所属类别以及类别包含 Top20 视频的个数

实现思路如下:

(1)先找到观看次数最高的 20 个视频所属条目的所有信息,以降序排列。

(2)把这 20 条信息中的 category 分裂出来(列转行)。

(3)查询视频分类名称和该分类下有多少个 Top20 的视频。

最终代码如下:

```
select
    category_name as category,
    count(t2.videoId) as hot_with_views
from (
    select
        videoId,
        category_name
    from (
        select
            *
        from
            youtube_orc
            order by
                views
            desc limit
                  20) t1 lateral view explode(category) t_catetory as category_
name) t2
group by
    category_name
order by
    hot_with_views
desc;
```

(四)统计视频观看次数 Top50 所关联视频的所属类别

实现思路如下：

(1)查询观看次数最多的前 50 个视频的所有信息(包含每个视频对应的关联视频)，记为临时表 t1：

```
t1:观看次数前 50 的视频
select
    *
from
    video_orc
order by
    views
desc limit
    50;
```

(2)将找到的 50 条视频信息的相关视频 relatedId 列转行，记为临时表 t2：

```
t2:将相关视频的 id 进行列转行操作
select
    explode(relatedId) as videoId
from
    t1;
```

(3)将相关视频的 id 和 video_orc 表进行 inner join 操作：

```
t5:得到两列数据,一列是 category,一列是之前查询出来的相关视频 id
(select
    distinct(t2.videoId),
    t3.category
from
    t2
inner join
    video_orc t3 on t2.videoId =t3.videoId) t4 lateral view explode(category) t_
catetory as category_name;
```

(4)按照视频类别进行分组,统计每组视频的个数,然后排行。

最终代码如下:

```
select
    category_name as category,
    count(t5.videoId) as hot
from (
    select
        videoId,
        category_name
    from (
        select
            distinct(t2.videoId),
            t3.category
        from (
            select
                explode(relatedId) as videoId
        from (
            select
                *
            from
                video_orc
            order by
                views
            desc limit
                50) t1) t2
            inner join
                video_orc t3 on t2.videoId = t3.videoId) t4 lateral view explode
(category)t_catetory as category_name) t5
group by
    category_name
order by
    hot
desc;
```

（五）统计每个类别中的视频热度 Top10（以 Music 为例）

实现思路如下：

（1）首先要找到 Music 类别，需要将 category 展开，可以创建一张表用于存放 categoryId 展开的数据。

（2）向 category 展开的表中插入数据。

（3）统计对应类别（Music）中的视频热度。

具体的实现过程如下：

（1）创建表类别表，代码如下：

```
create table video_category(
    videoId string,
    uploader string,
    age int,
    categoryId string,
    length int,
    views int,
    rate float,
    ratings int,
    comments int,
    relatedId array<string>)
row format delimited
fields terminated by "\t"
collection items terminated by "&"
stored asorc;
```

（2）向类别表中插入数据，代码如下：

```
insert into table video_category
    select
        videoId,
        uploader,
        age,
        categoryId,
        length,
        views,
        rate,
        ratings,
        comments,
        relatedId
    from
        video_orc lateral view explode(category) catetory as categoryId;
```

（3）统计 Music 类别的 Top10，代码如下：

```
select
    videoId,
    views
```

```
from
    video_category
where
    categoryId = "Music"
order by
    views
desc limit
    10;
```

（六）统计每个类别中视频流量 Top10（以 Music 为例）

实现思路如下：

（1）创建视频类别展开表（categoryId 列转行后的表）。

（2）按照 ratings 排序即可。

最终代码如下：

```
select
    videoId,
    views,
    ratings
from
    video_category
where
    categoryId = "Music"
order by
    ratings
desc limit
    10;
```

（七）统计上传视频最多的用户 Top10 以及他们上传的观看次数在前 20 的视频

实现思路如下：

（1）先找到上传视频最多的 10 个用户的用户信息，代码如下：

```
select
    *
from
    video_user_orc
order by
    videos
desc limit
    10;
```

（2）通过 uploader 字段与 video_orc 表进行 join 操作，得到的信息按照 views 观看次数进行排序。具体实现代码如下：

```
select
    t2.videoId,
    t2.views,
    t2.ratings,
```

```
        t1.videos,
        t1.friends
    from (
        select
            *
        from
            video_user_orc
        order by
            videos desc
        limit
            10) t1
    join
        video_orc t2
    on
        t1.uploader = t2.uploader
    order by
        views desc
    limit
        20;
```

（八）统计每个类别视频观看数 Top10

实现思路如下：

（1）先得到 categoryId 展开的表数据。

（2）子查询按照 categoryId 进行分区，然后在分区内排序，并生成递增数字，该递增数字这一列起名为 rank 列。

（3）通过子查询产生的临时表，查询 rank 值小于等于 10 的数据行即可。

最终代码如下：

```
    select
        t1.*
    from (
        select
            videoId,
            categoryId,
            views,
            row_number() over(partition by categoryId order by viewsdesc) rank from
video_category) t1
        where
            rank<= 10;
```

任务小结

本任务讲解了一个典型的 Hive ETL 项目，首先了解源数据的格式，对数据中的问题进行整理，清洗问题数据，然后根据业务对数据进行分析，最后得出业务需求的结果。

思考与练习

一、程序题

1. 现有数据表 visits：

```
userid,month,visits(用户 id、年月、访问量)
A,2015-01,5
A,2015-01,15
B,2015-01,5
A,2015-01,8
B,2015-01,25
A,2015-01,5
A,2015-02,4
A,2015-02,6
B,2015-02,10
B,2015-02,5
A,2015-03,16
A,2015-03,22
B,2015-03,23
B,2015-03,10
B,2015-03,1
```

需求：编写 SQL 实现每个用户的最大单月访问次数和累计到该月的总访问次数。

2. 现有数据表 video：

```
Uid channel min(栏目 id,频道,时长)
1    1    23
2    1    12
3    1    12
4    1    32
5    1    342
6    2    13
7    2    34
8    2    13
9    2    134
```

需求：求出每个栏目的被观看次数（每个频道的一条数据记为一次观看）及累计观看时长。

3. 现有数据表 login：

```
Uid  dt  login_status(1 登录成功,0 异常)
1  2019-07-11  1
1  2019-07-12  1
1  2019-07-13  1
1  2019-07-14  1
1  2019-07-15  1
1  2019-07-16  1
```

```
1  2019-07-17  1
1  2019-07-18  1
2  2019-07-11  1
2  2019-07-12  1
2  2019-07-13  0
2  2019-07-14  1
2  2019-07-15  1
2  2019-07-16  0
2  2019-07-17  1
2  2019-07-18  0
3  2019-07-11  1
3  2019-07-12  1
3  2019-07-13  1
3  2019-07-14  1
3  2019-07-15  1
3  2019-07-16  1
3  2019-07-17  1
3  2019-07-18  1
```

需求:编写程序求出连续7天登录的总人数。

4. 现有数据表 stu:

```
Stu_no class score(学生编号,班级,分数)
1  1901  90
2  1901  90
3  1901  83
4  1901  60
5  1902  66
6  1902  23
7  1902  99
8  1902  67
9  1902  87
```

需求:实现每班前三名(分数一样并列),同时求出前三名,按名次排序。

5. 现有数据表 shop:

```
shopid,month,money(店铺,月份,金额)
a,01,150
a,01,200
b,01,1000
b,01,800
c,01,250
c,01,220
b,01,6000
a,02,2000
a,02,3000
b,02,1000
```

需求:求出每个店铺的当月销售额和累计到当月的总销售额。

附录A 思考与练习答案

项 目 一

一、选择题

1. ABCDE 2. ABCDE 3. C 4. D 5. C

二、填空题

1. 数据仓库是一种结构体系，而数据库是一种具体技术

2. Hadoop

3. MapReduce 框架

4. MapReduce 脚本 自定义函数

5. JDBC/ODBC

二、判断题

1. × 2. × 3. √ 4. √ 5. √

四、简答题

1. 答：数据仓库（data warehouse，DW 或 DWH）是为企业所有级别的决策制定过程，提供所有类型数据支持的战略集合。它是单个数据存储，出于分析性报告和决策支持目的而创建，为需要业务智能的企业提供指导业务流程改进、监视时间、成本、质量以及控制。

2. 答：（1）针对海量数据的高性能查询和分析系统；（2）类 SQL 的查询语言；（3）HiveQL 灵活的可扩展性（extendibility）；（4）高扩展性（scalability）和容错性；（5）与 Hadoop 其他产品完全兼容。

3. 答：（1）从结构上来看，Hive 和 RDBMS 除了拥有类似的查询语言，再无类似之处。（2）Hive 不支持事务处理，也不提供实时查询功能；不能对表数据进行修改。

4. 答：（1）萌芽阶段；（2）探索阶段；（3）雏形阶段；（4）确立阶段。

5. 答：（1）数据仓库是面向主题的；（2）数据仓库是集成的，数据仓库的数据有来自于分散的操作型数据，将所需数据从原来的数据中抽取出来，进行加工与集成，统一与综合之后才能进入数据仓库；（3）数据仓库是不可更新的，数据仓库主要是为决策分析提供数据，所涉及的操作主要是数据的查询；（4）数据仓库是随时间而变化的，传统的关系数据库系统比较适合处理格式化的数据，能够较好地满足商业商务处理的需求，它在商业领域取得了巨大的成功。

项 目 二

一、选择题

1. B 2. B 3. C 4. D 5. ABD

二、填空题

1. 1.2.1
2. HADOOP_HOME HIVE_CONF_DIR
3. schematool-dbType derby -initSchema
4. \t
5. [root@ localhost hive] $ bin/hiveserver2 [root@ localhost hive] $ bin/beeline

三、判断题

1. × 2. √ 3. × 4. × 5. √

四、简答题

1. 答:load data local inpath ′/opt/datas/123.txt′ into table example;
2. 答:会产生 java.sql.SQLException 异常。
3. 答:rpm-qa|grep mysql。
4. 答:进入 MySQL→显示数据库→使用 MySQL 数据库→展示 MySQL 数据库中的所有表→展示 user 表的结构→查询 user 表→修改 user 表,把 Host 表内容修改为%→删除 root 用户以外的其他 host→刷新→退出。
5. 答:重启虚拟机。

项 目 三

一、选择题

1. B 2. D 3. B 4. B 5. C 6. C

二、填空题

1. 使用(.)操作符
2. 2 GB
3. FIELDS TERMINATED B
4. 删除指定表中的所有行
5. ALTER TABLE ADD PARTITION

三、判断题

1. √ 2. × 3. √ 4. × 5. √ 6. √ 7. × 8. √

四、简答题

1. 答:在给定的任何一个时间点,union 数据类型可以保存指定数据类型中的任意一种。
2. 答:假设有海量的数据保存在 hdfs 的某一个 hive 表明对应的目录下,使用 Hive 进行操作的时候,往往会搜索这个目录下的所有文件,这有时会非常耗时,如果我们知道这些数据的某些特征,可以事先对它们进行分裂,再把数据 load 到 hdfs 上的时候,它们就会被放到不同的目录下,然后使用 Hive 进行操作的时候,就可以在 where 子句中对这些特征进行过滤,那么对数据的操作就只会在符合条件的子目录下进行,其他不符合条件的目录下的内容就不会被读取,在数据量非常大的时候,这样可以节省大量的时间。这种把表中的数据分散到子目录下的方式就是分区表。

3. 答:报错 FAILED: SemanticException table is not partitioned but partition spec exists。

4. 答:(1)创建表阶段。外部表创建表的时候,不会移动数到数据仓库目录中(/user/hive/warehouse),只会记录表数据存放的路径,内部表会把数据复制或剪切到表的目录下。

(2)删除表阶段。外部表在删除表的时候只会删除表的元数据信息,不会删除表数据,内部表删除时会将元数据信息和表数据同时删除。

5. 答:级联删除数据库(当数据库还有表时,级联删除表后再删除数据库)。

6. 答:进入 Hive 部署包的 bin 目录,在命令行输入./hive 启动 hive cli。

7. 答:(1)启动 Hive cli 运行;(2)通过添加-e 的参数执行一次 HQL 语句;(3)通过添加-f 执行指定文件;(4)在 Hive cli 启动时通过-i 来执行指定文件。

项　目　四

一、选择题

1. C　2. B　3. A　4. B　5. D　6. ABCD　7. D　8. C

二、填空题

1. 多行合并为一行
2. map 输出的文件大小不均、reduce 输出的文件大小不均、小文件过多、文件超大等
3. LIMIT must also be specified
4. set hive. auto. convert. join = true
5. desc function upper;
6. NULL
7. NULL
8. org. apache. hadoop. hive. ql. exec. UDF
9. UDF
10. set hive. exec. mode. local. auto=true
11. orc、parquet 等
12. 网络 I/O 和磁盘 I/O
13. 输入分片 InputSplit
14. ong splitSize = Math. max(minSize, Math. min(maxSize, blockSize))
15. set hive. exec. parallel=true;

三、判断题

1. ×　2. √　3. ×　4. ×　5. ×　6. √　7. ×

四、简答题

1. 答:分区针对的是数据存储路径;分桶针对的是数据文件。

分区提供一个隔离数据和优化查询的便利方式,不过并非所有的数据集都可以形成合理的分区,特别是确定合适的划分大小时;分桶是将数据集分解成更容易管理的若干部分的另一种技术。

2. 答:Hive 的分桶采用对分桶字段的值进行哈希,然后除以桶的个数求余的方式决定该条记录存放在哪个桶当中。

3. 答:可以先使用 Cluster by,然后使用 Order by。

4. 答:它是对 Hive SQL 的优化,Hive 是将 SQL 转化为 MpaReduce job,因此 Map 端连接对应的就是 Hadoop Join 连接中的 Map 端连接,将小表加载到内存中,以提高 Hive SQL 的执行速度。

5. 答:(1)自定义 Java 类并继承 org. apache. hadoop. hive. ql. cxec. UDF。

(2)覆写 evaluate 函数,该函数支持重载。

(3)把程序打包放到 Hive 所在服务器。

(4)进入 Hive 客户端,添加 jar 包。

(5)创建关联到 Java 类的 Hive 函数。

(6)Hive 命令行中执行查询语句"select id,方法名(name) from"表名,得出自定义函数输出的结果。

6. 答:(1)UDF。用户自定义函数,一对一地输入输出,是最常用的。

(2)UDTF。用户自定义表生成函数,一对多地输入输出。

(3)UDAF。用户自定义聚合函数,多对一地输入输出。

7. 答:Hive 在集群上查询时,默认是在集群上的 N 台机器上运行,需要多个机器进行协调运行,这个方式很好地解决了大数据量的查询问题。但是当 Hive 查询处理的数据量比较小时,其实没有必要启动分布式模式去执行,因为以分布式方式执行就涉及跨网络传输、多节点协调等,并且消耗资源。这个时间可以只使用本地模式来执行 mapreduce job,只在一台机器上执行,速度会很快。

8. 答:(1)过多地启动和初始化 reduce 也会消耗时间和资源;(2)有多少个 reduce,就会有多少个输出文件,如果生成了很多个小文件,那么当这些小文件作为下一个任务的输入时,也会出现小文件过多的问题。

9. 答:Hive 会将一个查询转化成一个或者多个阶段。这样的阶段可以是 MapReduce 阶段、抽样阶段、合并阶段、limit 阶段。默认情况下,Hive 一次只会执行一个阶段。不过,某个特定的 job 可能包含众多的阶段,而这些阶段可能并非完全互相依赖的,也就是说有些阶段是可以并行执行的,这样可能使得整个 job 的执行时间缩短。不过,如果有更多的阶段可以并行执行,那么 job 就可能更快地完成。

项　目　五

一、选择题

1. ABD　2. ACD　3. ABC　4. ABD　5. D

二、填空题

1. 将数据组织成一对多关系的结构

2. 准备区

3. 将 DWD 层和 DWS 层的明细数据在 Hadoop 平台进行汇总,然后将产生的结果同步到 DWS 数据库,提供给各个应用

4. 非正规化

5. 星座模型

6. 事务事实表　周期快照事实表　累计快照事实表

三、判断题

1. ×　2. √　3. ×　4. ×　5. √　6. √　7. ×

四、简答题

1. 答：

（1）优点：存取方便且速度快；结构清晰，容易理解；数据修改和数据库扩展容易实现；检索关键属性十分方便。

（2）缺点：结构呆板，缺乏灵活性；同一属性数据要存储多次，数据冗余大（如公共边）；不适合于拓扑空间数据的组织。

2. 答：（1）优点：能明确而方便地表示数据间的复杂关系；数据冗余小。

（2）缺点：网状结构的复杂增加了用户查询和定位的困难；需要存储数据间联系的指针，使得数据量增大；数据的修改不方便（指针必须修改）。

3. 答：（1）优点：结构特别灵活，满足所有布尔逻辑运算和数学运算规则形成的查询要求；能搜索、组合和比较不同类型的数据；增加和删除数据非常方便。

（2）缺点：数据库大时，查找满足特定关系的数据费时；对空间关系无法满足。

4. 答：（1）主题性。数据仓库是针对某个主题来进行组织，如嘀嗒出行，司机行为分析就是一个主题，所以可以将多种不同的数据源进行整合。

（2）集成性。数据仓库需要将多个数据源的数据存到一起，但是这些数据以前的存储方式不同，所以需要经过抽取、清洗、转换的过程。

（3）稳定性。保存的数据是一系列历史快照，不允许修改，只能分析。

（4）时变性。会定期接收到新的数据，反映出最新的数据变化。

5. 答：（1）数据源。互联网公司的数据来源随着公司的规模扩张而呈递增趋势，同时来自不同的业务源，如埋点采集、客户上报、API 等。

（2）ODS 层。数据仓库源头系统的数据表通常会原封不动地存储一份，这称为 ODS 层，ODS 层也经常会被称为准备区。这一层做的工作是贴源，而这些数据和源系统的数据是同构的，一般可将这些数据分为全量更新和增量更新，通常在贴源的过程中会做一些简单的清洗。

（3）DW 层。数据仓库明细层和数据仓库汇总层是数据仓库的主题内容。将一些数据关联的日期进行拆分，使得其更具体地分类，一般拆分成年、月、日，而 ODS 层到 DW 层的 ETL 脚本会根据业务需求对数据进行清洗、设计，如果没有业务需求，则根据源系统的数据结构和未来的规划去做处理，对这一层的数据要求是一致、准确，尽量保证数据的完整性。

（4）DWS 层。应用层汇总层，主要是将 DWD 和 DWS 的明细数据在 Hadoop 平台进行汇总，然后将产生的结果同步到 DWS 数据库，提供给各个应用。

（5）DA 层。各部门、业务的需求数据。

6. 答：维度和事实。

（1）维度。维度是维度建模的基础和灵魂，在维度建模中，将环境描述为维度，维度是用于分析事实所需的多样环境。例如，在分析交易过程中，可以通过买家、卖家、商品和时间等维度描述交易发生的环境。

（2）事实。事实表作为数据仓库维度建模的核心，紧紧围绕着业务过程来设计，通过获取描述业务过程的度量来表达业务过程,包含了引用的维度和与业务过程有关的度量。事实表中一条记录所表达的业务细节被称为粒度。通常粒度可以通过两种方式来表述:一种是维度属性组合所表示的细节程度,一种是所表示的具体业务含义。

7. 答:雪花模型架构就是将星型模型中的某些维度表抽取成更细粒度的维度表,然后让维度表之间也进行关联,通过最大限度地减少数据存储量以及联合较小的维度表来改善查询性能。

8. 答:数据仓库由多个主题构成,包含多个事实表,而维度表是公共的,可以共享,这种模式可以看作星型模式的汇集,因而称作星系模式或者事实星座模式。

9. 答:(1)确定维度,使其具备唯一性;(2)确定主维度表,确定描述维度的主表;(3)确定相关表,根据业务之间的关联性,确定维度的相关表;(4)确定维度属性。

10. 答:见表 5-4。

参考文献

[1] 卡鲁廖洛,万普勒,卢森格林. Hive 编程指南[M]. 曹坤,译. 北京:人民邮电出版社,2013.

[2] 王雪迎. Hadoop 构建数据仓库实践[M]. 北京. 清华大学出版社,2017.

[3] 黑马程序员. Hive 数据仓库应用[M]. 北京. 清华大学出版社,2021.